André Grote

Lösungsstrategien für schadverdichtete Tonböden

GRIN Verlag

Bibliografische Information der Deutschen Nationalbibliothek:

Die Deutsche Bibliothek verzeichnet diese Publikation in der Deutschen Nationalbibliografie; detaillierte bibliografische Daten sind im Internet über http://dnb.d-nb.de/ abrufbar.

Impressum:

Druck und Bindung: Books on Demand GmbH, Norderstedt Germany
ISBN: 978-3-640-26440-7

Dieses Buch bei GRIN:

http://www.grin.com/de/e-book/121539/loesungsstrategien-fuer-schadverdichtete-tonboeden

Fachhochschule
Südwestfalen
Hochschule für
Technik und Wirtschaft
University of Applied Sciences

ABTEILUNG SOEST

FACHBEREICH AGRARWIRTSCHAFT

BACHELORARBEIT

VON

André Grote

Fachhochschule Südwestfalen – Abteilung Soest

Fachbereich Agrarwirtschaft

Bachelorarbeit

zur Erlangung des Titels
Bachelor of Science (B.Sc.)

Thema: Lösungsstrategien für schadverdichtete Tonböden

Verfasser: Name: André Grote
Fachgebiet: Bodenkunde

abgegeben am: 14. Mai 2008

Inhaltsverzeichnis

Verzeichnis der Tabellen Seite

Verzeichnis der Abbildungen

Seite

Verzeichnis der Abkürzungen

BBSchG: Bundesbodenschutzgesetz

Ca^{2+}: Calcium (-kation)

CaCO3: Calciumcarbonat (Trivialbezeichnung: kohlensaurer Kalk)

CaO: Calciumoxid (Trivialbezeichnung: Branntkalk)

Gew. %: Gewichtsprozent

GVP: Gesamtporenvolumen

H^{+}: Wasserstoff (-kation)

K^{+}: Kalium (-kation)

KA: Bodenkundliche Kartieranleitung, Herausgegeben von der Arbeitsgruppe Boden

Mg^{+}: Magnesium (-kation)

N: Stickstoff

nFK: nutzbare Feldkapazität

OH^{-}: Hydroxylgruppe

PO_4^{3-}: Phosphat (-anion)

S: Sand

T: Ton

tL: toniger Lehm

utL: schluffig toniger Lehm

U: Schluff

µm: Mikrometer (ein tausendstel Millimeter)

1. Einleitung

Weltweit gehört die Bodenverdichtung neben der Bodenabtragung durch Wind und Wasser zur stärksten Gefährdung der Böden. Auch in Deutschland werden auf bewirtschafteten Ackerflächen oft Schadverdichtungen in unterschiedlichen Ausprägungen vorgefunden. Verschiedene Untersuchungen sagen aus, dass mindestens 40% der landwirtschaftlich genutzten Ackerflächen Bodenverdichtungen in Form von Krumenbasisverdichtungen aufweisen. Schätzungen von WEYER & BUCHNER (2001) bestätigen diese Ergebnisse für Nordrhein – Westfalen.

Mit zunehmender Rationalisierung und dem Wachstum der Betriebsgrößen und dem damit verbundenen Einsatz immer größerer und schwerer Maschinen und Einschränkung der Fruchtfolgen auf wenige, ökonomisch wertvolle Kulturen ist eine Zunahme der Belastungen der Böden deutlich erkennbar. Der Zwang, Arbeiten wie Bestellung oder Ernte auf den Flächen termingerecht auch bei ungünstigen (nassen) Bodenbedingungen durchzuführen, führt in Kombination aus den hohen Kontaktflächendrücken der Maschinen zu unvermeidbaren Schädigungen des Bodengefüges. Dadurch kann es zu einer nachhaltigen und längerfristigen Abnahme der Bodenfruchtbarkeit kommen (vgl. BRÜMMER 2001, S.71). Diese Einschränkung führt zu einer „Kostenbelastung für den landwirtschaftlichen Betrieb, da die Betriebsausgaben sowohl für Dünger und Pflanzenschutz als auch für die Meliorationsmaßnahmen stark ansteigen können, wenn Mindererträge durch die schlechteren Wachstumsbedingungen vermieden werden sollen“ (WEYER UND BUCHNER 2001, S. 9).

Das im Jahr 1999 in Kraft getretene Bundesbodenschutzgesetz (BBSchG) fordert ein „Vorsorgepflicht bei der landwirtschaftlichen Bodennutzung zur Vermeidung von Bodenschäden“ (Brümmer 2001, S.71). Im Besonderen die Sätze 1, 2, 3, 6 und 7 in § 17, Absatz 2, BBSchG zeigen Grundsätze auf, die unter anderem auch auf die Vermeidung von Bodenverdichtungen ausgerichtet sind.

§ 17

Gute fachliche Praxis in der Landwirtschaft

(2) Grundsätze der guten fachlichen Praxis der landwirtschaftlichen Bodennutzung sind die nachhaltige Sicherung der Bodenfruchtbarkeit und Leistungsfähigkeit des Bodens als natürliche Ressource. Zu den Grundsätzen der guten fachlichen Praxis gehört insbesondere, dass

1. *die Bodenbearbeitung unter Berücksichtigung der Witterung grundsätzlich standortangepasst zu erfolgen hat,*
2. *die Bodenstruktur erhalten oder verbessert wird,*
3. *Bodenverdichtungen, insbesondere durch Berücksichtigung der Bodenart, Bodenfeuchtigkeit und des von den landwirtschaftlichen Geräten verursachten Bodendrucks soweit wie möglich vermieden werden,*
6. *die biologische Aktivität des Bodens durch entsprechende Fruchtfolgegestaltungen erhalten oder gefördert wird und*
7. *der standorttypische Humusgehalt des Bodens, insbesondere durch eine ausreichende Zufuhr an organischer Substanz oder durch Reduzierung der Bearbeitungsintensität, erhalten wird.*

Mit dem in Kraft treten dieses Gesetzes ist der Schutz der Böden gesetzlich verankert. Auch die Diskussion über die Einführung einer Begrenzung der Radlasten bei landwirtschaftlichen Geräten zeigt, dass der Gesetzgeber weiterhin Bedarf sieht, die Sensibilität der Landwirte gegenüber Schadverdichtungen zu erhöhen. Die Beratung ist ebenfalls in die Pflicht genommen, den Landwirten die ökonomischen Auswirkungen von Bodenschadverdichtungen weiterhin vor Augen zu führen. Die praktischen Auswirkungen sind oft deutlich sichtbar (siehe Abbildung 1), die ökonomischen kaum.

Quelle: SMUL 2008

Abb.1: Stauwasser an der Bodenoberfläche, hervorgerufen durch Verdichtungen am viel befahrenem Vorgewende

Tonhaltige Böden sind im Allgemeinen in ihrer Verdichtungsneigung weniger gefährdet als zum Beispiel stark schluffhaltige Böden. Allerdings ist das langsame Abtrocknen von Tonböden als Problem anzusehen (siehe Kapitel 2). Die in Folge des Klimawandels zunehmenden Wetterkapriolen und der ökonomische Zwang zur Befahrung der Flächen auch unter widrigen Bodenbedingungen mit zu hohen Maschinengewichten kann so schnell zu beträchtlichen Schädigungen des Bodengefüges auch auf Tonböden führen. Besser wäre es, wenn hier nicht über Sanierungsmaßnahmen gesprochen werden müsste, sondern um Maßnahmen, welche der Schadverdichtung vorbeugen.

„Ursachen und Ausmaß von Bodenschadverdichtungen erfordern sowohl Möglichkeiten zur Reduzierung der Bodenbelastung durch technische Weiterentwicklungen als auch Lösungsstrategien zur Stabilisierung des Bodenkörpers durch pflanzenbauliche Maßnahmen" (WEYER UND BUCHNER 2001, S. 12). Besonders der zweite Punkt soll hier ausführlich behandelt werden. Ziel dieser Bachelorarbeit soll es somit sein, pflanzenbauliche und technische Möglichkeiten aufzuzeigen, schadverdichtete Tonböden wieder in einen optimalen Zustand zu bringen, um langfristig gesicherte Erträge mit ihnen erzielen zu können.

2. Besonderheiten tonreicher Böden

Tonböden weisen, wie auch andere Böden, die zum überwiegenden Teil aus nur einer Korngrößenfraktion bestehen, eine Reihe von extremen Eigenschaften auf. Sie besitzen zwar „günstige chemische, aber schlechte physikalische Eigenschaften" (OEHMICHEN und WEYER 2006, S.69). Die chemischen Eigenschaften, wie zum Beispiel die hohe Nährstoffsorptionsfähigkeit, beeinflussen die Ertragsfähigkeit dieser Bodenart positiv. Die physikalischen Eigenschaften wiederum beeinflussen vor allem die Bearbeitbarkeit. Eine Übersicht über die wichtigsten Eigenschaften von Tonböden im Vergleich mit den anderen Bodenarten ist in Tabelle 1 dargestellt.

Tabelle 1: Bodenarten und Bodeneigenschaften

Bodenart	Sand	Schluff	Ton	Lehm
Bearbeitung	++	0	--	+
Nährstoffspeicherung	--	-	++	+
Nährstoffnachlieferung	-	+	+	++
Wasserspeicherung	--	+	++	++
Wassernachlieferung	-	++	-	+
Dränung	++	--	-	0
Erodierbarkeit	0	+	--	-

++ sehr gut (sehr hoch); + gut (hoch); 0 befriedigend (mittel); - schlecht (wenig); -- sehr schlecht (sehr wenig)

Quelle: KUNTZE et al. 1994, verändert

Als wichtige chemische Eigenschaften sind das natürliche Vorkommen von wichtigen Nährstoffen (Nährstoffnachlieferung) und die schon angesprochene Fähigkeit, gedüngte Nährstoffe in großem Umfang pflanzenverfügbar zu binden (Nährstoffspeicherung), zu sehen. Die natürliche Nachlieferung ist darin zu begründen, dass im Kristallgitter der Tonminerale die Nährelemente in relativ fester Bindung vorliegen. Allmählich werden so zum Beispiel Kalium (K^+) aus dem Glimmer oder Phosphat (PO_4^{3-}) aus Apatit durch Verwitterung freigesetzt (vgl. KUNTZE, ROESCHMANN, SCHWERDTFEGER 1994, S. 201). Ebenso können die gedüngten Nährelemente an den Tonmineralen gebunden werden und so im Austausch mit von den Pflanzenwurzeln gebildeten H^+ - und OH^- – Ionen langsam und pflanzenverfügbar abgegeben werden. So ist es möglich, einige Nährstoffe (z.B. Kalium und Phosphor) in größeren zeitlichen Abständen in Form einer Grunddüngung zu düngen, ohne das die Gefahr besteht, dass diese ausgewaschen werden.

Die Eigenschaften toniger Böden bezüglich ihrer Wasserspeicherfähigkeit sind durch das Verhältnis der Bodenporen zu begründen. Die Größe des Porenvolumens (und ebenso die der Lagerungsdichte) ist abhängig von der Körnung und Kornform (vgl. SCHEFFER und SCHACHTSCHABEL 2002, S.164). Das Gesamtporenvolumen eines Bodens nimmt mit steigendem Tongehalt zu. Optimalerweise sollte es in Tonböden zwischen 40-56 % liegen (siehe Tabelle 2), Böden mit „weniger als 40 % Gesamtporenvolumen werden als allgemein verdichtet bezeichnet“ (Oehmichen und Weyer 2006, S. 137). Die Grobporen (mit einen mittleren Durchmesser von > 10 µm) führen Sickerwasser (Dränporen) und sind nach Abzug des Wassers mit Luft gefüllt. Diese Grobporen entstehen in Tonböden vorwiegend durch Pflanzenwurzeln, Bodentiere und Schrumpfung der Bodenmasse (Sekundärporen). Ihr Anteil sinkt mit steigendem Tongehalt. Der Anteil an Mittelporen (Ø 10-0,2 µm) und Feinporen (< 0,2 µm) steigt mit zunehmenden Tongehalt. Mittelporen übernehmen bezüglich des Wassergehalts des Bodens die wichtigste Aufgabe. Sie enthalten pflanzenverfügbares Haftwasser, und sind aufgrund ihrer hohen Kapillarkraft in der Lage, Grundwasser nach oben zu transportieren. Das höchste Volumen an Feinporen erreicht ein Boden mit einem Tongehalt von 15-20 %. Die Feinporen enthalten infolge der hohen Wasserspannung nicht pflanzenverfügbares Haftwasser (Totwasser), sie sind nur bei sehr starker Austrocknung nicht wassergefüllt.

Tabelle 2.: Mittlere Porenraumgliederung der Bodenarten in Vol.%

Bodenart	schnell	langsam	Fein-	Gesamtporen-	Notwendige
	dränende Poren		und Mittelporen	volumen	Luftkapazität, Vol.%
Sand	20 - 40	2 - 12	2 - 8	35 - 50	15
Lehm	5 - 25	8 - 22	10 - 20	37 - 53	10
Ton	3 - 13	5 - 15	20 - 40	40 - 56	12

Quelle: OEHMICHEN UND WEYER 2006, verändert

Generell kann es kein optimales Porenvolumen für alle Böden geben. Während ein Sandboden mit 40 % GPV hinreichend durchlässig für Wasser, Luft und Pflanzenwurzeln ist, so kann ein Tonboden mit 55 % GPV den Sickerwasserabfluss hemmen (vgl. Oehmichen und Weyer 2006, S. 137).
Aufgrund dieser Porenverteilung besitzen Tonböden eine hohe Feldkapazität. Diese „steigt in der Folge Sand < Lehm < Schluff < Ton < Torf" (Oehmichen und Weyer 2006, S. 117). Durch den großen Anteil an Feinporen ist die nutzbare Feldkapazität allerdings bedeutend geringer. Sie „nimmt in der Reihenfolge Sand < Ton < Lehm < Torf zu" (Oehmichen und Weyer 2006, S. 118).
Der hohe Anteil an wasserhaltenden Feinporen führt zu Einschränkungen in der Bodenbearbeitung (siehe auch Kapitel 3.4). Der optimale Bearbeitungszustand des Bodens, das heißt in dem der Boden ohne wesentliche Verdichtung befahren und bearbeitet werden kann, ist abhängig von der Textur und dem Bodenfeuchtegrad (vgl. Oehmichen und Weyer 2006, S.132). Beide Merkmale bestimmen Zusammenhalt der Bodenteilchen während der Bearbeitung. Der Widerstand eines bindigen (Ton-) Bodens gegen das Eindringen von Geräten, Pflanzenwurzeln und gegen Verformungen wird als Konsistenz bezeichnet. Ursachen der Konsistenz sind die zwischen Wasser und Boden wirkenden Kohäsions- und Adhäsionskräfte. Aufgrund der langen Wasserspeicherung weisen tonhaltige Böden oft plastische Konsistenzen auf. Wird der Boden in diesem Zustand bearbeitet, besteht die „Gefahr des Verschmierens und Verdichtens" (Oehmichen und Weyer 2006, S. 132). Trocknet dieser Boden jedoch zu stark ab, wird er hart, da die Feinbodenanteile eng aneinander liegen. Bei extrem starker Abtrocknung kann dies zu einer Unbearbeitbarkeit führen. Der optimale Bearbeitungszeitpunkt ist gegeben, wenn die Konsistenz halbfest ist und der Boden bröckelig wird. In diesem Zustand lässt er sich zu bleistiftstarken Rollen formen. Der Bearbeitung dieser Tonböden sind dadurch enge Grenzen gesetzt. Die Bearbeitbarkeit wird begrenzt durch den Übergang von einem harten in einem plastischen Übergang. Man spricht auch von *Stunden- bzw. Minutenböden* (vgl. Oehmichen und Weyer 2006,

S. 133), da der Zeitraum zwischen plastischer und fester Konsistenz oft nur kurz bemessen ist.

Tabelle 3: Konsistenz tonreicher Böden in Abhängigkeit vom Wassergehalt (Atterberg – Grenzen)

Wassergehalt	Bodeneigenschaften	Konsistenz	Konsistenzgrenzen
hoch	wässrige Suspension	dünnflüssig	
↑	fließt zusammen	zähflüssig	
↑		→	Fließgrenze
↑	klebt an Bearbeitungsgeräten	weichplastisch	
↑	schmiert bei Bearbeitung	zähplastisch	
↑		→	Ausrollgrenze
↑	optimal bearbeitbar	bröckelig	
niedrig	schwer bearbeitbar	hart	

Quelle: SCHEFFER und SCHACHTSCHNABEL 2002

In Abbildung 2 wurde eine Einteilung der Bodenarten in Schadverdichtungsgefährdungsklassen vorgenommen. Es wird deutlich, das die Verdichtungsgefährdung mit steigendem Tongehalt abnimmt. Dieses ist durch die feste Bindung der Tonteilchen (harte Konsistenz) untereinander und das damit stabilere Bodengefüge zu erklären. Allerdings gilt dieses nur bei abgetrockneten Bodenverhältnissen. Herrschen bei der Befahrung und Bearbeitung von tonigen Böden allerdings nasse Bedingungen (plastische Konsistenzen) vor, so kommt es durch Pressung und Knetung der Bodenaggregate zu einer Abnahme des Porenvolumens des Bodens und damit zu einer Erhöhung der Lagerungsdichte (Schadverdichtung). Durch die geringe Größe der Tonteilchen werden diese sehr eng aneinander gepresst, so das Schadverdichtungen auf Tonböden oftmals sehr viel dichter und fester sind als in anderen Bodenarten. Auch dieser Sachverhalt zeigt, das mit der Bearbeitung und Befahrung toniger Böden so lange abgewartet werden muss, bis eine Abtrocknung bis unter die Ausrollgrenze erreicht worden ist, um der Entstehung von Schadverdichtungen entgegenzuwirken.

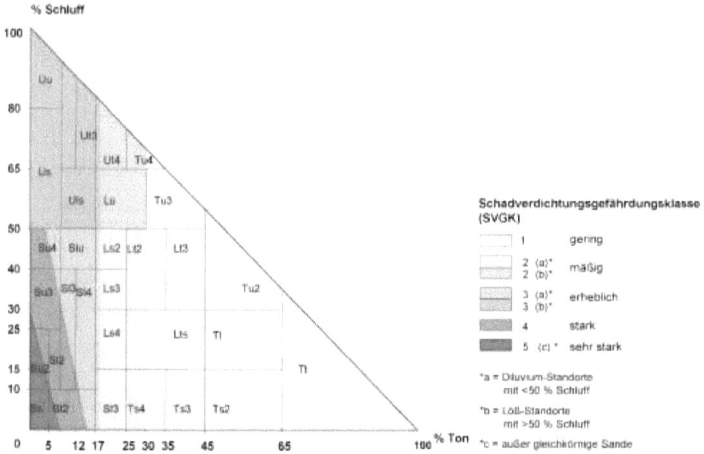

Quelle: LUNG 2008

Abb. 2: Korngrößenabhängige Schadverdichtungsgefährdungsklassen basierend auf der KA 4

Abbildung 3 zeigt Profile toniger Böden. Als klassischer Vertreter von Tonböden ist hier vor allem der Pelosol zu nennen (griechisch *pelos* = Ton). Pelosole sind aus kalkarmen oder kalkfreien Lockergestein (Tone, Tonmergel, Tonschiefer) hervorgegangene Böden. Charakteristisch für sie sind Tongehalte von über 50 % (vgl. OEHMICHEN UND WEYER 2006, S. 181). Verbreitet sind Pelosole auf den tonigen und tonig – kalkigen Sedimenten des mittleren Muschelkalkes, des Keuper und Jura, im fränkischen Stufenland und im Thüringer Becken. Vereinzelt findet man sie auch auf Rotton, Kreide- und Keuperton in Südniedersachsen, Ostwestfalen und im Münsterland (vgl. WEYER UND OEHMICHEN 2006, S. 181).

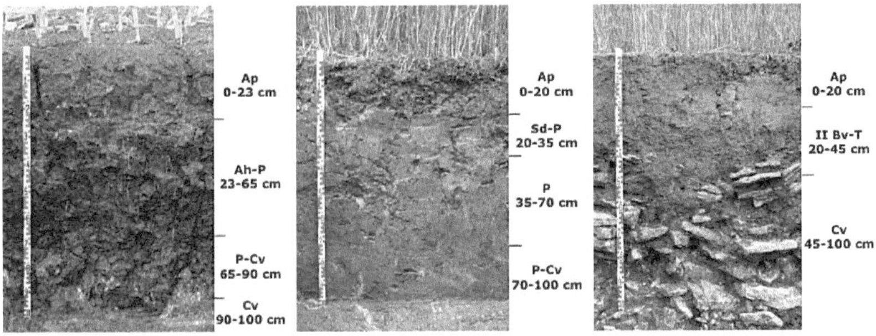

Quelle: BLFL 2008

Abb. 3: Profile verschiedener tonhaltiger Bodentypen (von links: Pelosol aus Tonmergel, Pseudogley – Pelosol, Braunerde – Terra Fusca)

3 Biologische Bodenstabilisierung

Das Ziel der biologischen Bodenstabilisierung ist es, das Bodengefüge hinsichtlich der Anfälligkeit gegenüber Schadverdichtungen zu verbessern. Wird eine mechanische Tiefenlockerung vorgenommen (siehe Kapitel 4), sind diese Maßnahmen von besonderer Bedeutung, um das künstlich überlockerte Bodengefüge in einen guten, die Ertragsfähigkeit sichernden Zustand zu bringen. Da aber eine Tiefenlockerung (vor allem auf Tonböden) nur im begrenzten Rahmen möglich ist, sind die Maßnahmen der biologischen Bodenstabilisierung ebenso dazu geeignet, die Selbstauflockerung des Bodens durch natürliche Vorgänge zu begünstigen.

3.1 Entwässerung

Das Problem toniger Böden ist nicht die mangelnde Tragfähigkeit generell, sondern die mangelnde Tragfähigkeit bei hohen Bodenfeuchten (siehe Kapitel 2). Vielfach sind Landwirte Zwängen unterlegen, Bodenbearbeitungs- und Erntemaßnahmen auch bei ungünstigen Bodenbedingungen durchzuführen. Gerade das langsame Abtrocknen toniger Böden ist hier als großer Nachteil anzusehen.

Um einer weiteren Verdichtung vernässter Tonböden entgegen zu wirken und die Behebung bereits vorhandener Bodenverdichtungen zu vereinfachen, könnte die Entwässerung solcher Flächen ein Teil ein Lösungsstrategie sein. Dränmaßnahmen sind in humiden Klimazonen die ältesten Meliorationsmaßnahmen. Die Anwendung von Dränmaßnahmen hängt allerdings stark mit den Dräneigenschaften des Bodens zusammen (vgl. HARTGE 1978, S.306)

Grundsätzlich könnte eine Entwässerung auch auf schadverdichteten Tonböden helfen, die ungewünschte Vernässung zu vermindern beziehungsweise ein schnelleres Abtrocknen zu ermöglichen. Tonböden weisen allerdings aufgrund ihrer Porenverteilung mit dem sehr hohen Anteil an wasserhaltenden Feinporen eine sehr geringe Felddurchlässigkeit von weniger als 1 cm Wasserfluss pro Tag und damit auch eine stark verminderte Dränwirksamkeit auf (vgl. KUNTZE und BLANKENBURG 2006, S.242). Somit ist der Einsatz einer Rohrdränung nur bei sehr geringen Dränabständen von unter einem Meter möglich, was wiederum zu sehr hohen Kosten und einer erhöhten Anfälligkeit der Dränage gegenüber einer Verockerung bei der Installation der Dränage führen würde.

Lediglich der Einsatz einer rohrlosen Dränung (der Erd- oder Maulwurfsdränung) ist auf tonhaltigen Böden empfehlenswert. Hierzu wird ein an einem starken Sech mit Lockerungsschar angebrachter Kegel durch den Boden gezogen. Dieser formt einen Gang, der wie ein Maulwurfsgang aussieht (daher auch die Bezeichnung Maulwurfsdränung) (siehe Abb. 4). Etwa 20 bis 40 cm beidseitig wird der Boden nach oben hin gelockert. Dieses Verfahren erzeugt nur in bindigen Böden mit mehr als 30 Gew.% Ton einen etwa drei bis fünf Jahre funktionstätigen Hohlraum. Über den Schlitz des Sechs erhält er Anschluss an die Bodenoberfläche zur Aufnahme überschüssigen Niederschlagswassers. Erddräne werden im Abstand von 2 Meter in etwas 60 cm Tiefe gezogen. Mit zunehmender Länge nimmt die Gefahr der Verschlammung der gezogenen Gänge zu. Durch wiederholte Maulwurfsdränung wird die Lockerung allmählich auf das ganze Feld ausgedehnt (vgl. BLANKENBURG 2006, S. 250). Somit hat diese Art der Dränierung gleichzeitig eine lockernde Wirkung auf die oberste Bodenschicht. Allerdings darf das Durchführen der Erddränung nur bei abgetrockneten Boden (maximal 50 % der nFK) durchgeführt werden. Der Einsatz des Maulwurfdränpflugs bei zu hohen Bodenfeuchten führt zum einen zu einem Verschmieren der Gänge, welches wiederum eine verringerte Wasseraufnahme dieser bedeuten würde. Außerdem kann es durch das Anheben des Bodens zu weiteren Verdichtungen der oberhalb des Lockerungsschars kommen.

Quelle: UNIVERSITÄT FÜR BODENKULTUR WIEN 2008

Abb. 4: Model und Arbeitsbild eines Maulwurfdränpflugs

3.2 pH – Wert / Kalkung

Der pH – Wert landwirtschaftlicher Nutzflächen ist von verschiedenen Faktoren abhängig. Zum einen haben die unterschiedlichen Kulturen unterschiedliche Ansprüche an die Kalkversorgung. Die Kartoffel liefert so zum Beispiel bei schwach saurem Milieu (pH 6-6,5) optimale Erträge, während die Wintergerste eher auf alkalische Verhältnisse (pH 6,5-7,2) mit guten Erträgen reagiert.

„Aufgrund der vielfältigen Wirkungen des Kalkes ist eine ausreichende Kalkversorgung für die Sicherung der Bodenfruchtbarkeit unabdingbar" (OEHMICHEN et al., 2006, S.575). So lassen sich in diesem Zusammenhang drei Wirkungskomplexe unterscheiden:

- Verfügbarkeit der Nährstoffe: wichtige Nährstoffe wie zum Beispiel Phosphor werden bei unpassenden pH – Werten festgelegt und sind somit nicht mehr pflanzenverfügbar
- strukturverbessernde Wirkung
- Förderung des Bodenlebens

Den letzten beiden Punkten soll hier besondere Aufmerksamkeit geschenkt werden.

Kalk hat eine wichtige Funktion bei der Gefügebildung. Mit steigenden Tongehalten steigt auch der Ziel – pH – Wert. Dies ist darin begründet, „dass Böden umso eher einer Gefügeverbesserung bedürfen, je mehr Ton sie enthalten, und dass diese Verbesserung durch pH – Erhöhung erreichbar ist" (SCHEFFER / SCHACHTSCHABEL, 2002, S. 135).

Die Gefügeverbesserung durch Kalkung ist darin begründet, dass sich Aggregatgefüge primär nur durch Koagulation der Ton- und Humuskolloide ausbilden. Unter Koagulation versteht man die Zusammenlagerung von Primärteilchen zu größeren Gebilden. Sie wird im Boden besonders von Art und Menge der austauschbaren Kationen an der Oberfläche der Bodenkolloide beeinflusst. Die Koagulationsneigung ist von der Wertigkeit und dem Durchmesser der absorbierten Ionen abhängig und steigt mit folgender Reihe an: $Na^+ < K^+ < NH_4^+ < Mg^+ < Ca^{2+}$ (Hofmeister'sche Ionenreihe). Das Kalziumion (der Kalk) hat demnach die größte, das

Natriumion (Bestandteil von Kalisalzen) die geringste Koagulationsneigung. Deshalb kommt dem Kalk eine besondere Bedeutung bei der Förderung und Erhaltung des Bodengefüges zu, während Natriumionen (Kalirohsalze) peptisierend (zerteilend) auf die Bodenkrümel wirken (vgl. OEHMICHEN UND WEYER 2006, S. 129). Diese strukturverbessernde Wirkung ist auf tonigen Böden besonders wichtig, da hier durch die Bearbeitbarkeit (Verschiebung der Konistenzgrenzen) und die Tragfähigkeit verbessert wird und insgesamt die Anfälligkeit gegenüber Verdichtungen abnimmt. Das hat gleichzeitig positive Auswirkungen auf das Wurzelwachstum der Pflanzen, welches weiterhin ebenfalls gefügestabilisierend wirken kann.

Die Kalkdüngung hat durch eine bessere Bodengare ebenfalls Einfluss auf die Bodenlebewesen. Diese wiederum sind dann in der Lage, durch ihre Tätigkeit im Boden die Bodenstruktur weiterhin zu verbessern. Allerdings wird hiermit auch die Zersetzung der organischen Substanz gefördert. Der natürliche Humusgehalt des Bodens sollte jedoch erhalten beziehungsweise erhöht werden (siehe Kapitel 3.3). Gleichzeitig nimmt der Kalkbedarf mit steigendem Humusgehalt aber ab.

Humusarme Tonböden sollten bis zu 1% $CaCO_3$ besitzen. Erst dann sind in solchen Böden und in unserem Klima Aufbau und Stabilität des Gefüges gewährleistet (vgl. OEHMICHEN und WEYER 2006, S.136). Wichtig für eine ausreichende Kalkwirkung ist auch die Auswahl des richtigen Kalkdüngers, da diese sich in ihrer Reaktionsgeschwindigkeit erheblich unterscheiden. Auf Tonböden mit hohem Sorptions- und Pufferungsvermögen müssen Kalke mit einer höheren Lösungsgeschwindigkeit eingesetzt werden. Branntkalk und Löschkalk sind schnell wirkende Kalke. Sie sind daher grundsätzlich gut für schwere Tonböden geeignet. Um den Kalkbedarf einer landwirtschaftlichen Nutzfläche richtig bemessen zu können, ist die Kenntnis des pH – Wertes unabdingbar. Auch wenn der pH – Wert im Optimalbereich liegt, muss regelmäßig gekalkt werden, um die unvermeidbaren Kalkverluste zum Beispiel durch Auswaschung, Eintrag versauernder Substanzen und Pflanzenentzug auszugleichen. Wird der optimale pH – Bereich des Bodens unterschritten, müssen die Kalkgaben gegenüber der Erhaltungskalkung gesteigert werden, um den pH – Wert mittelfristig bis zum gewünschten

Niveau anzuheben (vgl. OEHMICHEN et al. 2006, S.579f). Eine Übersicht über die zu düngende Kalkmenge liefert Tabelle 4.

Tabelle 4: Versorgungsstufen und Kalkempfehlung für Ackerland (Bodenarten utL, tL, T) bei 2% Humusgehalt in Abhängigkeit vom Ist – pH - Wert

Ist - pH - Wert	Versorgungs-stufe	Kalkempfehlung (kg CaO/ha)
5,5	A	7473
5,6	A	7082
5,7	A	6691
5,8	A	6300
5,9	A	5909
6	B	5518
6,1	B	5127
6,2	B	4736
6,3	B	4345
6,4	B	3954
6,5	B	3563
6,6	B	3172
6,7	B	2781
6,8	C	2390
6,9	C	1999
7	C	1608
7,1	C	1217
7,2	C	826
7,3	C	-

Quelle: OEHMICHEN et al. 2006

Bei der Bemessung der Kalkgabe muss allerdings beachtet werden, dass die jährliche Kalkgabe auf 4000 kg CaO pro Hektar zu begrenzen ist, um Probleme zu vermeiden, die aus zu starken pH – Wert – Sprüngen resultieren.

3.3 Humusgehalt / organische Substanz

Die organische Substanz eines Ackerbodens übernimmt vielfältige, fruchtbarkeitsförderne Aufgaben. Tonböden weisen in der Regel höhere Humusgehalte auf als zum Beispiel Sandböden. Dieses ist darin zu begründen, da „vorwiegend aerobe Mikroorganismen am Abbau der organischen Substanz beteiligt sind“ (KUNTZE et al. 1994, S. 101). In Böden

mit guter Durchlüftung kann so der Humusabbau schneller vonstatten gehen als in schweren, öfters unter Luftmangel leidenden Tonböden.
Die organische Substanz dient als Nahrung für die Bodenorganismen. Der Schaffung optimaler Lebensbedingungen für die „Ingenieure des Bodens“ muss ein vorrangiges Ziel der Bodenbewirtschaftung sein. Die Sicherstellung der Versorgung der Bodenlebewesen mit Humus und eine angepasste (bodenorganismusschonende) Bodenbearbeitung (siehe Kapitel 3.4) tragen stark zu einer Vermehrung der Bodenlebewesen bei, es besteht eine „enge Beziehung zwischen Humusgehalt und biologischer Aktivität (SCHEFFER und SCHACHTSCHABEL 2002, S. 74). An dieser Stelle sei besonders die Tätigkeit des Gemeinen Regenwurms (*Lumbricus terrestris*) dargestellt. Er kann im Boden bis zu einem Meter Tiefe Röhren anlegen, welche in schweren Tonböden den Hauptteil des spannungsfreien Porenvolumens darstellen und somit für den Gas- und Wasserhaushalt dieser Böden von großer Bedeutung sind (vgl. OEHMICHEN und WEYER 2006, S. 103). Ebenso ist er in der Lage, verdichtete Bodenschichten zu durchdringen, so dass diese für Wasser und Pflanzenwurzeln wieder durchlässig werden. Eine weitere wichtige Aufgabe ist die Bioturbation, das heißt die Aufnahme von Mineralboden und organischer Substanz und die völlig veränderte Ausscheidung dieser Stoffe. Bei dem Kot der Regenwürmer handelt es sich um Ton – Humus – Komplexe (siehe unten), welche eine Verbesserung des Grobporenvolumens und der Infiltration des Bodens bedeuten.
Weiterhin dient die organische Substanz als Nährstoffreservoir mit einer regulierenden Funktion. Ein Überangebot an Nährstoffen kann gebunden und später langsam und nachhaltig wieder freigesetzt werden (vgl. SCHEFFER und SCHACHTSCHABEL 2002, S. 73). Die in den Pflanzenresten oder Huminstoffen gebundenen Nährstoffe werden nach der mechanischen Zerkleinerung und Primärzersetzung durch die Bodenfauna von den Mikroorganismen in pflanzenverfügbare Form überführt. Gleichzeitig werden freigesetzte oder durch Düngung zugeführte Nährstoffe teilweise wieder in organische Bindung in Huminstoffen gebunden. Je höher die biologische Aktivität im Boden ist, umso intensiver erfolgt die Nährstoffnachlieferung aus dem Humus. Dieses gilt vor allem für Stickstoff, der in den meisten Böden zu über 95 % in

organischer Bindung vorliegt (vgl. SCHEFFER und SCHACHTSCHABEL 2002, S. 73).

Auch dient der Humus als Sicherung der Wasserversorgung der Kulturpflanzen in Trockenzeiten. Weisen Tonböden zwar eine sehr hohe Wasserspeicherfähigkeit auf, so ist aber der Anteil an pflanzenverfügbaren Wasser durch den hohen Anteil an Feinporen eher gering. Mit steigenden Humusgehalten steigt bis zu einem gewissen Maße auch die nutzbare Feldkapazität des Bodens, da „Humus das drei- bis fünffache seines Eigengewichtes an Wasser zu speichern vermag“ (SCHEFFER und SCHACHTSCHABEL 2002, S. 74). Somit kann eine Erhöhung der nutzbaren Feldkapazität erreicht werden, ohne die Bearbeitbarkeit negativ zu beeinflussen.

Als eine weitere wichtige Funktion der organischen Substanz soll hier aber die positive Wirkung auf die Strukturstabilität betrachtet werden. Tonminerale und Huminstoffe (Huminsäuren) können miteinander feste Bindungen eingehen oder durch Pilzhyphen, Algen und Ausscheidungsprodukten der Bodenlebewesen (Schleimstoffe) miteinander verklebt sein (siehe oben). Im ersten Fall spricht man von Ton – Humuskomplexen, im zweiten von Lebendverbauung. In beiden Fällen entstehen mehr oder weniger große Aggregate. Die Verbindung zwischen Ton- und Humuskolloiden ist die Voraussetzung zur Bildung stabiler Bodenkrümel (vgl. OEHMICHEN und WEYER 2006, S. 91). Hieraus entsteht ein stabiles Aggregatgefüge. Die erhöhte Aggregatstabilität weist eine höhere Toleranz gegenüber hohen mechanischen Bodenbelastungen auf. Ebenso wirkt sie der Erosion entgegen, da die Verschlämmungsneigung verringert wird.

Ebenso wichtig für die Bearbeitung von Böden ist die Verschiebung der Konsistenzgrenzen. Mit steigenden Humusgehalten wird die Bearbeitungsgrenze weiter in Richtung höherer Wassergehalte verschoben, so dass die Bodenbearbeitung in einem größeren Feuchtebereich der Böden ohne Gefügeschädigung möglich ist (vgl. SCHEFFER und SCHACHTSCHABEL 2002, S. 74). Diese Eigenschaft ist besonders auf stark tonhaltigen Böden erstrebenswert, da termingebundene Arbeiten mit geringerer Schadwirkung auf das Bodengefüge als bei niedrigeren Humusgehalten durchgeführt werden können.

Die Erhöhung des Humusgehaltes muss das Ziel einer angepassten, nachhaltigen (und bodenstrukturverbessernden) Bodenbewirtschaftung sein. Je höher der Humusgehalt eines Tonbodens ist, umso besser bearbeitungsfähig ist er und umso weniger wird er im Gefüge gefährdet (vgl. KUNZE et al.1994, S. 152). Um dieses Ziel zu erreichen, muss dafür gesorgt werden, dass der andauernd ablaufende Humusabbau (je nach Art und Intensität der Bodennutzung werden jährlich ein bis fünf Prozent der organischen Substanz des Boden mineralisiert) durch Zufuhr von organischer Substanz in Form von Ernteresten, Gründüngung oder Wirtschaftsdüngern ausgeglichen wird.

Seit dem Jahr 2005 ist die Gewährung von Direktzahlungen unter anderem auch an die Sicherstellung der Bodenfruchtbarkeit durch Erhaltung der organischen Substanz gekoppelt (*Cross Compliance*). Hierin wird ein mindestens drei Kulturen umfassendes Anbauverhältnis gefordert, wobei jede Kultur mindestens 15 % der Ackerfläche einnehmen muss. Alternativ besteht auch die Möglichkeit, jährlich eine Humusbilanz zu erstellen, welche in einem dreijährigen Durchschnitt einen Grenzwert von minus 75 kg Humus – C/ha nicht unterschreiten darf (vgl. BUCHNER 2006, S.409).

3.4 Angepasste Bodenbearbeitung

Die Bodenbearbeitung verfolgt das Ziel, die Luft und Wasserverhältnisse im pflanzentragenden oberen Bodenbereich zu verbessern sowie das Auftreten von Unkräutern, Ausfallgetreide, Schädlingen und Krankheitserregern zu kontrollieren. Durch die Bodenbearbeitung soll das Bodengefüge im Hinblick auf die nachhaltige Ertragsfähigkeit des Bodens positiv beeinflusst werden (vgl. SCHINNER UND SONNLEITNER 1996, S. 49). Im Zusammenhang mit der Bodenverdichtung spielt die Bodenbearbeitung eine zwiespältige Rolle. Einerseits dient sie dazu, für den nachfolgenden Pflanzenbestand optimale Strukturverhältnisse zu schaffen, andererseits ist sie eine wesentliche Quelle von Verdichtungsvorgängen, weil der Boden gleichzeitig befahren werden muss. Außerdem führt sie zu „Grenzschichten zwischen bearbeiteten und unbearbeiteten Bodenzonen, die ebenfalls Verdichtungen Vorschub leisten" (BLUME 2004, S. 680). Darüber hinaus fördert sie (vor allem bei konventionellen Pflugeinsatz) infolge starker Durchlüftung des Bodens den Humusabbau und senkt damit die Stabilität der Bodenaggregate (siehe Kapitel 3.3).

Mit der Bodenbearbeitung, besonders der Grundbodenbearbeitung, wird eine Lockerung des Bodens angestrebt. Diese Lockerung ist aber in der Regel zu stark, so dass der Boden anschließend wieder künstlich „verdichtet" (rückverfestigt) werden muss, wenn die Zeit bis zur Bestellung für eine natürliche Setzung nicht ausreicht. Außerdem müssen, je nach eingesetztem Gerät und Zustand des Bodens bei der Bearbeitung, noch größere Kluten und Schollen durch Nachbearbeitung zerkleinert werden, bevor eine Aussaat vorgenommen werden kann. Werden Einzelgeräte eingesetzt, sind mehrere Arbeitsgänge nötig. Da in der Regel keine Festlegung der Fahrspuren erfolgt und die Arbeitsbreiten der Geräte selten übereinstimmen, entstehen unregelmäßig verteilte Spuren, die sich negativ auf die nachfolgend angebauten Kulturen auswirken können. Tiefe und Intensität der Bearbeitung sollten auf die Ausgangsstruktur des Bodens und die Anforderungen der Folgekulturen abgestimmt werden, damit unnötige Arbeitsvorgänge möglichst ausgeschlossen werden können. Gerade das Befahren stark gelockerter Böden macht sich sehr nachteilig bemerkbar, da der Boden bei Belastung umso stärker verdichtet wird, je geringer die Ausgangsdichte ist (vgl. BLUME 2004, S. 680).

Auf bereits schadverdichteten Tonböden muss die Bodenbearbeitung darauf ausgelegt werden, mögliche Verdichtungen direkt zu beheben. Dieses ist allerdings nur bei Verdichtungen der Krume (eingeschränkt der Krumenbasis) mittels eines Pflugeinsatzes beziehungsweise eines tieferen Grubbereinsatzes möglich (siehe auch Kapitel 4.1). Bei tiefer liegenden Unterbodenverdichtungen muss die Bodenbearbeitung darauf abzielen, optimale Bedingungen für die Pflanzen und die Bodenlebewesen in dem bearbeiteten Horizont zu schaffen und keine weiteren Verdichtungen zu erzeugen.

Bei der Wahl des richtigen Bodenbearbeitungssytems (Pflug, reduzierte Bodenbearbeitung, Direktsaat) auf bereits schadverdichteten Tonböden müssen verschiedene Punkte beachtet werden. In Tabelle 5 wird die Wahl des Bodenbarbeitungssystems in Abhängigkeit verschiedener Bodeneigenschaften dargestellt. Hier wird vor allem auf den Stunden- beziehungsweise Minutenböden ein Pflugeinsatz empfohlen, um ein ausreichendes Porenvolumen in der Ackerkrume und ein schnelleres Abtrocknen zu erreichen. Grundsätzlich kann ein Pflugeinsatz auf schadverdichteten Tonböden eine sinnvolle Maßnahme sein, allerdings sind einige wichtige, grundlegende Dinge zu beachten. So ist zum Beispiel zum Beispiel eine gute Furchenräumung wichtig, da zurückfallender, lockerer Boden durch das in der Furche laufende Schlepperrad besonders stark verdichtet wird und somit die Entstehung eine Pflugsohle begünstigt wird (vgl. BLUME 2004, S. 680). Noch wichtiger ist aber die Druckfortpflanzung selbst, wenn die Schlepperräder bei dem Pflugeinsatz schräg in der Furche fahren. Durch die punktuelle hohe Belastung „können die Bodenschichten (unterhalb der durch den Pflug gelockerten Krume) durchaus bis zu einem Meter mit sehr hohen Drücken verdichtet werden“ (BLUME 2004, S. 680), gerade bei ungünstigen Bodenstabilitätsbedingungen. Da diese tiefreichenden Verdichtungen nur schwer wieder auflockerbar sind (siehe Kapitel 4.2), „ist eine Reversibilität von anthropogenen Bodenverdichtungen durch den Pflugeinsatz nur äußerst selten gegeben“ (BLUME 2004, S. 680).

Eine Milderung dieser Folgen kann dadurch erreicht werden, wenn nicht ständig auf gleicher Tiefe gepflügt wird. Ist ein Pflugeinsatz bei feuchten Bodenbedingungen notwendig, sollte nur flach gepflügt werden, um eine zu tiefe Druckfortpflanzung in den Unterboden zu vermeiden. Bei trockenen Bedingungen kann dann tiefer (auf volle Krumentiefe) gepflügt werden. Die bei feuchterer Bearbeitung eventuell entstandenen Verdichtungszonen werden dann so wieder aufgelockert (vgl. BLUME 2004, S. 679). Weiterhin lassen sich die negativen Folgen des Pflugeinsatzes verringern, wenn anstatt in der Furche oberhalb der Bodenoberfläche (*Onland*) neben der Furche gefahren wird. Dieses wäre eine günstige Lösung und technisch auch möglich, hat sich allerdings bis jetzt noch nicht durchsetzten können, „da die Anforderungen an die Aufmerksamkeit der Schlepperfahrer sehr stark steigen und als unzumutbar betrachtet werden“ (BLUME 2004, S. 679).

Tabelle 5: Bewertung von Eigenschaften verschiedener Bodenarten im Hinblick auf die Wahl des Bodenbearbeitungssystems

	Lehmiger Ton und Ton		
Humusgehalt	++ (+++)[1]	++ (+++)[1]	++ (+++)[1]
Kalkgehalt	(+) +++	-	-
Rißbildung, Selbststruktuierung	+++	+	+
Besatz an Regenwürmern	++	+	+
Verschlämmungsneigung	-	+	+
Infiltrabilität	++ (+++)[1]	+	+
Natürliche Dränung	++	+	-
Verdichtbarkeit	+	++	+++
Erosionsgefahr	+ ('++)[1]	+ ('++)[1]	+ ('++)[1]
Besondere Merkmale	Aufweitbare Tonminerale	Nicht aufweit-bare Tonminerale	Staunässe zeit-weise bis unter Krume
Bearbeitungssystem	Flach oder ohne	Pflug	Pflug
Mulch	ja	nein	nein
Bearbeitungstiefe (cm)	5 - 0	20	20-25
Besondere Maßnahmen, Bemerkungen	Flache Bearbeitung fördert Selbststrukturierung	Stundenboden! (Bearbeitung, Verdichtung) Pflug schafft Porenraum durch Lockerung	Minutenboden! (Bearbeitbarkeit, Verdichtung) Pflug schafft Überhöhung des Saatbetts aus der Vernässung
Bodentypen	Pelosol, Rendzina, Terra Fusca, Kalk-braunerde	Pelosol	Gley, Pseudogley, Auenboden, Knick-marsch
	- fehlend +++ hoch	+ niedrig 1) wechselnd	++ mittel

Quelle: EHLERS 1991, verändert

Wenn die Ackerkrume keine Anzeichen einer Schadverdichtung auf beziehungsweise wurden diese bereits durch eine tiefere Lockerung beseitigt, so kann die Bearbeitungsintensität auch auf Tonböden reduziert und auf eine wendende Lockerung verzichtet werden. Zu Beachten ist allerdings die Art der Tonminerale des Bodens, da nur „kalkreiche Ton- und Lehmböden mit quellbaren Tonmineralen“ (BUCHNER und KÖLLER 1990, S. 79) geeignet für Mulchsaatverfahren sind. Tonböden mit „nicht quellbaren Tonmineralen, die kompakt lagern“ (BUCHNER und KÖLLER 1990, S. 79) sind für eine verminderte Bodenbearbeitung nicht geeignet, da die natürliche Fähigkeit zur Auflockerung nicht gegeben ist.

Die Verringerung der Bodenbearbeitungsintensität bringt einige Vorteile mit sich. Zum einen können Kosten eingespart werden (Verringerung der variablen wie auch der festen Kosten für die Bodenbearbeitung), aber ebenso kann sich die reduzierte Bearbeitung positiv auf das Bodengefüge auswirken. Dieses zeigt sich in mehreren Aspekten. Durch die geringere Durchlüftung infolge der verminderten Lockerung wird der Abbau der organischen Substanz vermindert, eine „Humusanreicherung in der oberflächennahen Bodenschicht“ (OEHMICHEN und WEYER 2006, S. 135) kann festgestellt werden. Die geringere Tiefe der Auflockerung führt zu einer Verflachung und Dichtlagerung der Krume, der Anteil grober Poren ist auch nahe der Oberfläche geringer als in regelmäßig gepflügten Boden (vgl. OEHMICHEN und WEYER 2006, S. 135). Dieses wirkt sich allerdings (langfristig) nicht negativ aus, da sich „aus ehemaligen Wurzelbahnen und Regenwurmröhren (die Anzahl der Regenwürmer steigt beträchtlich, wenn sie in ihrer Lebensweise nicht mehr durch intensive Bodenbearbeitung gestört werden) in tonigen Böden ein System von durchgehend luftführenden Grobporen“ (OEHMICHEN und WEYER 2006, S. 135) ausbildet, welches die Durchlüftung und Wasserführung des Bodens erheblich verbessert. Ebenso können hierdurch allmählich frühere Bearbeitungsverdichtungen aufgelockert werden. Durch die reduzierte Bodenbearbeitung wird durch die gleichmäßigere Lagerung des Bodens das Wachstum der Pflanzen positiv beeinflusst, da „das Wurzelwachstum empfindlich auf Unterschiede in der Bodenstruktur reagiert“ (OEHMICHEN und WEYER 2006, S. 135) Diese Unterschiede verschwinden in reduziert bearbeiteten Böden, somit „nimmt das Wurzelwachstum in solchen Böden allmählich zur Tiefe hin stärker zu als in bearbeiteten Böden“ (OEHMICHEN und WEYER 2006, S. 135).

Durch die eingeschränkte Lockerungsarbeit und der erhöhten Festigkeit der Krume wird die Gefügestabilität des Bodens verbessert, was sich in einer verbesserten Befahrbarkeit und dadurch in einer geringeren Verdichtungsneigung zeigt (vgl. KÖLLER und BUCHNER 1990, S. 68). Als Nachteilhaft kann die langsamere Erwärmung unbearbeiteter Tonböden (welche sich sowieso schon langsamer Erwärmen) im Frühjahr angesehen werden, wodurch der Vegetationsbeginn der Kulturen verzögert einsetzt und dadurch die zur Verfügung stehende Vegetationszeit verkürzt.
Direktsaatverfahren sind auf (schadverdichteten) Tonböden selten geeignet, da in der Regel auf eine zumindest flache mechanische Lockerung der Böden nicht verzichtet werden kann. Nur selten können direktsaatähnliche Verfahren eingesetzt werden (zum Beispiel bei der Maisaussaat), wenn im Vorjahr eine Tieflockerung mit anschließendem Zwischenfruchtanbau durchgeführt wurde. Ein konsequenter Verzicht auf die Bodenbearbeitung ist nur stark eingeschränkt möglich, wenn zum Beispiel die Fruchtfolge „extensiviert" (Verringerung des Halmfruchtanteils, Ausweitung wurzelstarker Blattfrüchte wie der Ackerbohne) wird.

3.5 Fruchtfolgen

Die Wahl der anzubauenden Kulturen auf schadverdichteten Tonböden darf nicht nur nach ökonomischen Gesichtspunkten durchgeführt werden. Wichtigster Gesichtspunkt muss sein, ob der Anbau dieser Pflanzen beziehungsweise die Eingliederung dieser in Fruchtfolgen zu weiteren Verdichtungen (zum Beispiel durch Zwang zu einer unzeitigen Befahrung bei der Bodenbearbeitung oder Ernte) führen kann, ob die Pflanzen durch die Verdichtungszonen im Boden möglichst wenig beeinträchtig werden und ob sie gleichzeitig durch ihre Wurzelentwicklung noch einen Beitrag zur Auflockerung dieser Bodenhorizonte leisten können. Klassische, in der Praxis zu findende Fruchtfolgen sind hier in der Regel nicht optimal, da das Bodengefüge zum Beispiel durch Zuckerrüben- oder Maisfruchtfolgen stärker belastet wird als in Rapsfruchtfolgen (vgl. BLUME 2004, S. 679).

3.5.1 Geeignete Kulturen

Bei der Auswahl geeigneter Kulturen für schadverdichtete Tonböden müssen mehrere Aspekte beachtet werden. In erster Linie müssen die Bodenbedingungen mit den Ansprüchen der Pflanzen übereinstimmen. So ist zum Beispiel ein Kartoffelanbau auf Tonböden von vornherein auszuschließen, da die Ernte durch Klutenbildung zu stark behindert werden würde. Wichtiges Kriterium ist aber auch, ob bei es durch Anbau einer Kultur durch Maßnahmen des Pflanzenbaus (Bodenbearbeitung, Bestellung, Ernte) zu einer übermäßig starken Strapazierung des Bodengefüges kommt. Als Beispiel ist hier der Zuckerrübenanbau zu nennen, bei dem es durch eine späte Ernte bei oft nassen Bodenbedingungen in Verbindung mit hohen Radlasten der Erntemaschinen oft zu Bodenverdichtungen kommt. Soll nachfolgend noch Winterweizen angebaut werden, werden diese Verdichtungen durch unsachgemäße Bodenbearbeitung oft noch verstärkt.
Außerdem ist zu beachten, wie die anzubauende Kultur bezüglich ihrer Ertragsfähigkeit auf die durch die Schadverdichtung hervorgerufenen Bodeneigenschaften (verringerte Durchlüftung, Stauwasser) reagiert. Pflanzen mit geringerer Wurzelleistung (zum Beispiel Gerste) reagieren mit deutlich höheren Ertrageinbußen auf Verdichtungshorizonte im Boden als Pflanzen, die ein leistungsfähigeres Wurzelsystem aufweisen (Roggen).
Ein weiteres wichtiges Kriterium ist vor allem für schadverdichtete Böden von besonderer Bedeutung, nämlich in wie weit die Kulturen in der Lage sind, die Wiederauflockerung von schadverdichteten Bodenhorizonten durch ihr Wachstum positiv zu beeinflussen. Dieses kann primär durch ein starkes Wurzelwachstum geschehen, wenn die Wurzeln in der Lage sind, Verdichtungshorizonte zu durchwurzeln und damit diese dadurch wieder Wasser- und Luftdurchlässig zu machen. Sekundär können zum Beispiel durch eine lange Bodenbedeckung oder durch eine hohe Rückfuhr an Ernteresten die Bodenorganismen positiv beeinflusst werden, welche zu einer Stabilisierung beziehungsweise Lockerung des Bodengefüges beitragen können.

Entscheidendes Kriterium für die Auswahl der Kultur darf nicht der kurzfristig höchste ökonomische Nutzen sein. „In kritischen Situationen [...] müssen die langfristig wirksamen negativen Folgen der Bodenverdichtung in Rechnung gestellt werden“ (BLUME 2004, S. 678). Die auszuwählenden Kulturen dürfen der Entstehung von Verdichtungen nicht förderlich sein, sondern sollten nach Möglichkeit einen Beitrag dazu leisten, diese zu beheben. Erst dann darf die Wirtschaftlichkeit dieser Kulturen betrachtet werden. Kulturen, die diese Eigenschaften aufweisen, werden im Folgenden beschrieben:

Blattfrüchte

Winterraps

Raps ist auf tonigen Böden meist die tragende Kultur in der Fruchtfolge, da andere Blattfrüchte wie Kartoffel (verminderte Erträge und erschwerte Ernte) und Zuckerrüben (Gefahr der Beinigkeit bei vorhandenen Schadverdichtungen) in ihrer Ertragsfähigkeit stark eingeschränkt sind, während Raps noch ansprechende Erträge liefern kann. Außerdem zeigt Raps eine sehr starke Wurzelentwicklung (Pfahlwurzel), was sich bei der Lockerung / Stabilisierung des Bodengefüges positiv auswirken kann. Ebenso ist die lange Bodenbedeckung (11 Monate) als positiv zu bewerten, da sich hierdurch „ein Krümelgefüge ausbildet, welches als Schattengare bezeichnet wird“ (OEHMICHEN und WEYER 2006, S. 135). Die „Gare ist die Beständigkeit eines optimalen Bodengefüges“ (OEHMICHEN und WEYER 2006, S. 135), welches durch die Bodenorganismen geschaffen wird (Lebendverbauung, siehe Kapitel 3.3).

Durch die frühe Aussaat (Mitte August) ist die Bodenbearbeitung bei oft trockenen Verhältnissen möglich, so dass eine gefügeschonende Bestellung gewährleistet ist. Je nach Bodenzustand und Vorfrucht wird häufig eine Pflugfurche angeraten, um vorhandene Erntereste einzuarbeiten und eine Lockerung der Ackerkrume zu erreichen, was der Wurzelausbildung zu gute kommt. Hinterlässt die Vorfrucht aber ein günstiges Bodengefüge und bleibt genug Zeit zur Rotte der Ernterückstände, so ist auch eine reduzierte

Bodenbearbeitung problemlos möglich. Wichtig ist die Schaffung eines feinkrümligen Saatbettes, um eine vollständige Bedeckung des Saatkorns zu erreichen und damit eine zügige Keimung sicherzustellen. Gerade auf stark bindigen Tonböden bereit dieses bei zu hoher Austrocknung oft Probleme.

Ackerbohne

Die Ackerbohne kann auf Tonböden, auf welchen der Hackfruchtanbau nicht möglich ist, deren Funktion als tragende Frucht der Fruchtfolge übernehmen (vgl. MAKOWSKI 2000, S. 560). Ihre Bedeutung besteht in der Erzeugung hochwertigen Eiweißfutters für die Tierernährung. Sie ist nicht nur als Körnerfrucht, sondern auch als Grünfutterpflanze (im Gemisch mit anderen Futterpflanzen) geeignet. Wenn sie im eigenen Betrieb veredelt werden kann, ist ihr ökonomischer Nutzen meist weitaus höher als wenn sie als Marktfrucht verkauft werden muss.

Die Bedeutung der Ackerbohne auf verdichteten Tonböden liegt ebenfalls in ihrer Wurzelausbildung. Sie besitzt „eine Pfahlwurzel, die reich an Nebenwurzeln ist" (MAKOWSKI 2000, S. 560). Dadurch ist sie in der Lage, vor allem gelockerte Böden stark zu durchwurzeln und damit einen Beitrag zur Gefügestabilisierung zu leisten. Ebenso wichtig ist die Rücklieferung von N – reichen Ernterückständen, welche den Bodenorganismen als Nahrungsquelle dient. Außerdem ist sie als Sommerung vorteilhaft, wenn im Herbst eine Bodenbearbeitung beziehungsweise Aussaat nach spät räumenden Kulturen nur noch bei nassen Bodenverhältnissen möglich ist.

Generell stellt die Ackerbohne höchste Ansprüche an die Bodenverhältnisse, „sie gehört absolut zu den anspruchvollsten Kulturen in Deutschland" (MAKOWSKI 2000, S. 561). Der Hauptgrund hierfür ist im hohen Wasserbedarf der Ackerbohne zu sehen, welcher bereits bei der Keimung von immenser Wichtigkeit ist. Bei der Quellung und Keimung muss die doppelte Menge an Wasser zur Verfügung stehen als bei Getreide (vgl. MAKOWSKI 2000, S. 561). Ebenso hat sie einen sehr hohen Wasserbedarf im Zeitraum der Blüte, auf Wassermangel reagiert sie hier mit Blüten- und Schotenabwurf und dadurch mit unterdurchschnittlichen Erträgen. Die Ansprüche an die

Wasserversorgung werden am ehesten auf tiefgründigen kolloidreichen (Ton-) Böden befriedigt, sie „gedeihen am besten auf kalk- und humusreichen Lehm- und Tonböden" (MAKOWSKI 2000, S. 562). Allerdings muss auf verdichteten Böden vor dem Anbau möglicht eine mechanische Lockerung durchgeführt werden, um die nötige Tiefgründigkeit zu erreichen. Eine Pflugfurche vor dem Winter ist „deshalb unbedingt notwendig, das gilt vor allem für Standorte mit schweren Böden" (MAKOWSKI 2000, S. 563), hierbei muss aber darauf geachtet werden, dass keine Pflugsohlenverdichtung erzeugt wird. Die Aussaat sollte so früh wie möglich erfolgen, sie kann auch gefügeschonend unter Frostbedingungen im Februar erfolgen, was sich „besonders auf schweren Böden bewährt hat, welche häufig zu Vegetationsbeginn noch nicht befahrbar sind" (MAKOWSKI 2000, S. 563).

Halmfrüchte

Winterweizen

Auf weizenfähigen Standorten wird ein hoher Weizenanteil in der Fruchtfolge angestrebt, weil dieser die Wirtschaftlichkeit der gesamten Fruchtfolge verbessert. Von allen Getreidearten erreicht er in der Regel die höchsten Naturalerträge und damit auch die höchsten Deckungsbeiträge (vgl. HAUMANN und DIETZSCH 2000, S. 281).

Winterweizen stellt im Vergleich zu anderen Getreidearten „die höchsten Ansprüche an den Standort (Boden und Klima)" (HAUMANN und DIETZSCH 2000, S. 276). Während früher „nur die fruchtbarsten Böden (Löß-, Lehm-, milde Tonböden) als weizenfähig" (HAUMANN und DIETZSCH 2000, S. 278) galten, so hat heute die intensive Züchtung Sorten hervorgebracht, die auch bei abnehmender Bodengüte einen Weizenanbau ermöglichen. Somit kann Weizen auch auf schadverdichteten Böden noch mit passablen Erträgen angebaut werden.

Weizen stellt relative hohe Ansprüche an die Vorfrüchte. Dieses ist begründet in der „geringen Selbstverträglichkeit und der geringen

Wurzelleistung" (HAUMANN und DIETZSCH 2000, S. 279). Blattfrüchte (Raps, Ackerbohne) gelten als beste Vorfrüchte. Die sehr hohe Vorfruchtwirkung von Raps „beruht auf dem guten Garezustand des Bodens und den erheblichen Reststickstoffmengen" (HAUMANN und DIETZSCH 2000, S. 279).
Die Wahl des Bodenbearbeitungsverfahrens richtet sich nach dem Bodenzustand und der Vorfrucht. Das Ziel der Bodenbearbeitung ist es, einen gelockerten, tief durchwurzelbaren Krumenbereich" (HAUMANN und DIETZSCH 2000, S. 284) zu schaffen. Weist der Oberboden Verdichtungen auf, so sollten diese möglichst durch eine Pflugfurche oder einen tiefern Grubberstrich vor der Aussaat beseitigt werden. Hinterlässt die Vorfrucht einen günstigen Gefügezustand und nicht zu viele störende Ernterückstände, so kann durchaus eine reduzierte Bodenbearbeitung durchgeführt werden.
Sommerweizen kann eine Rolle spielen, wenn nach einer späten Ernte der Vorfrucht (Zuckerrübe, Körnermais) keine Gelegenheit mehr besteht, eine ordnungsgemäße, nicht gefügebelastende Bodenbearbeitung durchzuführen.

Wintergerste

Wintergerste wird vorwiegend als Futtergetreide zur betriebsinternen Veredlung angebaut. Allerdings reagiert das Wurzelwerk der Wintergerste wesentlich stärker auf Bodenverdichtungen und stauende Nässe als der Weizen (vgl. SCHÖNBERGER und KROPF 2000, S. 330), so dass auf schadverdichteten Tonböden oftmals keine befriedigenden Erträge erzielt werden können. Aus diesem Grund sollte die Gerste hier nur mit in die Anbauplanung einbezogen werden, wenn sie als Futtergetreide (zum Beispiel als Rohfaserträger in der Schweinemast) nicht oder nur schwer ersetzbar ist. Vorteilhaft ist jedoch die frühere Aussaat, bei der in der Regel trockenere Bedingungen als bei der Weizenaussaat vorliegen, und die ebenfalls frühere Ernte, welche oftmals eine mechanische Tiefenlockerung unter trockenen Bedingungen und den Anbau von gefügestabilisierenden Zwischenfrüchten erlaubt.
Soll Gerste angebaut werden, ist sehr viel Wert auf eine optimale Bodenbearbeitung zu legen. Die Gerste benötigt in der Krume einen

Grobporenanteil zwischen 10-12 Prozent und reagiert sehr empfindlich auf Störschichten (Verdichtungen, Strohmatten). Aus diesem Grund ist auf eine tiefgreifende Bodenbearbeitung besondere Sorgfalt zu legen (vgl. SCHÖNBERGER und KROPF 2000, S. 333). Ein Verzicht auf eine wendende, tiefe Bodenbearbeitung kommt nur in Frage, wenn der Oberboden keine Anzeichen einer Verdichtungen aufweist.

Winterroggen

Der Anbau von Roggen ist auf allen Bodenarten möglich, er gehört zu den „unempfindlichsten und robustesten Getreidearten" (HONERMEIER 2000, S. 364). Auf grundwasserfernen Sandböden wird der Roggen hinsichtlich der Höhe und Stabilität der Kornerträge von keiner anderen Getreideart übertroffen. Aber auch auf schadverdichteten Tonböden kann er „aufgrund der hohen Leistungsfähigkeit des Wurzelsystems" (HONERMEIER 2000, S. 365) noch gute Erträge liefern. Hier kann der Roggen eventuell anstelle der Wintergerste in der Fruchtfolge stehen, welche nur eine schwache Wurzelentwicklung aufweist.
An die Bodenbearbeitung stellt der Roggen keine spezifischen Anforderungen, ähnlich wie bei anderen Getreidearten besteht auch hier das Ziel, durch eine termin- und sachgerechte Bearbeitung die Struktur des Bodens zu erhalten oder zu verbessern (vgl. HONERMEIER 2000, S. 365). Bei Vorhandensein von Krumenverdichtungen ist eine krumentiefe Lockerung empfehlenswert.

Hafer

Hafer stellt aufgrund seines höheren Wasserbedarfs höhere Ansprüche an den Wasserhaushalt des Bodens als Gerste oder Roggen. Auf „übernasse Böden reagiert er aber weniger negativ als andere Getreidearten" (SCHÖNBERGER und KROPF 2000, S. 391). Somit kann ein Haferanbau auch auf staunassen, verdichteten Tonböden in Frage kommen. Vorteile bietet er als Sommerung, wenn eine sachgerechte Bestellung von Winterfrüchten

aufgrund zu hoher Bodenfeuchten nicht möglich ist. Hafer „beansprucht im Vergleich zu anderen Getreidearten mehr Blattfläche je Dezitonne Kornertrag“ (SCHÖNBERGER und KROPF 2000, S. 390) und hat deshalb einen höheren Wasserverbrauch als andere Sommergetreidearten. Deshalb ist bei eingeschränkter Wasserkapazität des Bodens eine ausgeglichene Niederschlagsverteilung sehr wichtig, um eine ausreichende Wasserversorgung auch in Trockenzeiten sicherzustellen.
An die Vorfrucht stellt der Hafer kaum Ansprüche. In getreidelastigen Fruchtfolgen kann Hafer als Gesundungsfrucht fungieren, da er gegen Wurzel- und Halmbasiskrankheiten weitgehend tolerant ist. Die Bodenbearbeitung muss darauf ausgerichtet sein, einen lockeren Saathorizont zu schaffen. Ebenfalls muss darauf geachtet werden, dass die Bearbeitung wassersparend durchgeführt wird. Deshalb sollte nach Möglichkeit im Frühjahr nur noch flach gearbeitet werden, um eine unproduktive Verdunstung zu vermindern und die Winterfeuchte ausnutzen zu können. Eine tiefere Bearbeitung sollte bereits im Herbst erfolgen.

Mais

Mais stellt hohe Ansprüche an ein „verdichtungsfreies Saatbett mit guter Erwärmung, Wasserführung und Durchlüftung“ (MEßNER 2000, S. 410). Aufgrund dieser Eigenschaften ist ein Anbau auf schadverdichteten Tonböden stark eingeschränkt, da diese (auch schon bei günstigen Gefügeverhältnissen) eher eine langsame Erwärmung und eine schlechte Durchlüftung aufweisen (siehe Kapitel 2). Der Anbau von Körnermais ist deshalb meist unrentabel und sollte deshalb möglichst unterbleiben, auch aufgrund der späten Ernte unter meist nassen Bedingungen. Wird Silomais als Futtergrundlage für Raufutterfresser benötigt, sollte er auf staunassen, zur Verdichtung neigenden Böden einen Flächenanteil an der Fruchtfolge von 30 Prozent nicht überschreiten (vgl. MEßNER 2000, S. 407). Wird mehr Raufutter benötigt, ist über einen Anbau von anderen Ackerfutterpflanzen (Feldgras, Luzerne, siehe auch Kapitel 3.5.2) nachzudenken, um diese Futterlücke zu schließen.

Die Bodenbearbeitung muss darauf abzielen, die Ansprüche des Mais zu befriedigend, da die „Sicherung der Ertragsleistung wird maßgeblich von einer standortgerechten Bodenbearbeitung bestimmt“ (MEßNER 2000, S. 408) wird. Auf tonigen Böden sollte vor dem Winter gepflügt werden, um eine ausreichende Lockerung des Oberbodens sicherzustellen, und um außerdem „die Sprengkraft des Frostes zu nutzen“ (MEßNER 2000, S. 408), damit eine ausreichende Feinheit des Saathorizontes zu erreichen wird, welche für die exakten Ablage des Maiskorns wichtig ist. War Wintergerste die Vorfrucht, bietet sich bei trockenen Bedingung im Sommer nach der Ernte der Gerste eine Tiefenlockerung mit anschließenden Anbau gefügestabilisierender Zwischenfrüchte an. Hier kann der Mais dann eventuell in Mulch- oder sogar Direktsaat in den abgestorbenen Zwischenfruchtbestand bestellt werden.

3.5.2 Zwischenfruchtanbau / Gründüngung

Die Vorteile einer Gründüngung sind sehr vielfältig. Sie wirken sich „physikalisch, chemisch und biologisch auf die Bodenfruchtbarkeit aus“ (RENIUS et al.1992, S. 23). Besonders auf schadverdichteten Böden kann eine Gründüngung bei der Beseitigung der Verdichtungshorizonte hilfreich sein. Tonige Böden benötigen „dringend eine stetige, der Intensität der Bewirtschaftung angepasste Humuszufuhr, Ernterückstände und Stroh reichen allgemein nicht für eine optimale biologische Aktivität und entsprechende Umsätze aus (RENIUS et al.1992, S. 28).

Als physikalische Wirkung kann die Beschattung sowie die Durchwurzelung des Bodens angesehen werden. Durch eine Beschattung des Bodens während der Brachezeit zwischen zwei Kulturen können die Bodenorganismen positiv beeinflusst werden, die Schattengare kann sich einstellen. Als wichtiger soll hier aber noch die Durchwurzelung angesehen werden. Tiefwurzler wie zum Beispiel Ölrettich oder Ackerbohne „schließen den Unterboden auf und schaffen Wirkungsmöglichkeiten für die Bodentiere. Regenwürmer in tieferen Bodenschichten helfen, Bodenverdichtungen und

Strukturschäden aufzulösen und zu beseitigen" (RENIUS et al. 1992, S. 24). Aber auch nach einer kurativen Tiefenlockerung ist diese tiefe Durchwurzelung wichtig, um das künstliche überlockerte Bodengefüge zu stabilisieren.

Die biologische Wirkung einer Gründüngung ist wesentlich für die Erhaltung beziehungsweise Verbesserung der Bodenfruchtbarkeit. Sie tritt in vielfältiger Weise in Kraft, meist in Verbindung mit physikalischen und chemischen Wirkungen (vgl. RENIUS et al. 1992, S. 24). Je nach Saatzeitpunkt bzw. zur Verfügung stehender Vegetationszeit werden große Mengen an Pflanzenmaterial gebildet. Je länger die Vegetationszeit ist, desto tiefer und intensiver wird die Krume und der Unterboden von feinen und feinsten Wurzeln durchzogen. Die so produzierte organische Substanz dient als Nährhumus für die Bodenlebewesen, weshalb die Zwischenfrucht-gründüngung auch als „Futterbrücke der Kleinlebewesen zwischen den Hauptfrüchten" (RENIUS et al. 1992, S. 25) bezeichnet wird. Die Neubildung von Dauerhumus wird nur indirekt durch die Gründüngungssubstanz beeinflusst, dieser muss durch die Zufuhr von Ernteresten (Stroh) oder organischer Düngemittel zugeführt werden (siehe Kapitel 3.3).

Als chemische Wirkung kann die Aufnahme, Speicherung und längerfristige Abgabe von Pflanzennährstoffen gesehen werden. Durch die Gründüngung lassen sich „größere Nährstoffmengen, vor allem N, P und K in die Pflanzen- und Wurzelsubstanz einbauen, pflanzenverfügbar halten und gleichzeitig vor Auswaschung bewahren" (RENIUS et al. 1992, S. 24).

Die Auswahl der „richtigen" Zwischenfrucht richtet sich nach mehreren Kriterien. Zum einen muss sie in die Fruchtfolge passen, das heißt sie darf nicht anfällig gegenüber Schädlingen oder Krankheitserregern der Kulturpflanzen sein. Steht zum Beispiel der Winterraps in der Fruchtfolge, so scheiden weitere Kreuzblütler (Futterraps, Senf) als Zwischenfrüchte aus, da sie rapsspezifische Krankheiten (Kohlhernie) übertragen. Andererseits muss die zur Verfügung stehende Vegetationszeit und der mögliche Saatzeitpunkt betrachtet werden. Soll eine Zwischenfrucht nach der Ernte eines Getreides etabliert werden, um im folgenden Jahr eine Sommerung auszusäen (zum Beispiel Mais nach Wintergerste), so sind schnell wachsende Pflanzen

(Ölrettich, Senf, Raps) zu bevorzugen, damit vor dem Ende der Vegetation noch genügend ober- und unterirdische Pflanzenmasse gebildet werden kann. Soll mit Hilfe der Gründüngung ein kurativ gelockertes Bodengefüge stabilisiert werden, so sind stark durch- und tiefwurzelnde Pflanzen (Gräser, eventuell mit Kleebeimengung, Ackerbohne) auszuwählen, die dann je nach Bedarf sogar mehrjährig angebaut werden und das Bodengefüge ausreichend stabilisieren.

3.5.3 Gestaltung konkreter Fruchtfolgen und besonderer Beachtung des Bodenschutzes

Aufgabe der Fruchtfolgegestaltung ist es, „den Standort als Produktionsort, Wachstumsfaktor und Befestigungsort in seiner Qualität zu erhalten" (BUCHNER 2006, S. 374). Hierbei erlangen Phasen der Bodenruhe zur Regeneration des durch die Bewirtschaftung gestörten Bodengefüges ebenso Bedeutung wie die Minimierung der Brachezeiten, der hinreichende Wechsel von Halm- und Blattfrüchten, die volle Erschließung des Wurzelraumes und das Bemühen um eine ausgeglichene Humusbilanz (vgl. BUCHNER 2006, S. 374). Der Auswahl geeigneter Fruchtfolgen kommt in modernen Ackerbaubetrieben eine grundlegende Bedeutung zu. Es muss zwischen ökonomischen Zwängen und ackerbaulichen Aspekten abgewogen und ein vernünftiger Kompromiss gefunden werden, wobei auf die bodenschonende Wirkung der einzelnen Fruchtfolgeglieder besonderer Wert gelegt werden sollte (vgl. BUCHNER und KÖLLER 1990, S. 111). Die bodenschonende Wirkung bezieht sich auf die Vermeidung von Bodenschädigungen durch einen Zwang zur unzeitigen Bestellung/Ernte, eine mögliche Stabilisierung des Bodengefüges durch die Wurzeln und die Möglichkeit, Lockerungsmaßnahmen bei trockenen Bedingungen durchzuführen.

Geeignete Fruchtfolgen für schadverdichtete Tonböden sollten einen ökonomischen Nutzen für den Landwirt sicherstellen, gleichzeitig aber dem Boden zu Gute kommen. Wichtig ist ein ausreichender Anteil an

Blattfrüchten, um deren bodenlockernde Wirkung nutzen zu können. Der Getreideanteil dient (bei Belassen der Strohs auf dem Feld) der Humusversorgung des Bodens. Eine geeignete Fruchtfolge könnte so Winterraps – Winterweizen – Ackerbohne – Wintergerste sein (vgl. BUCHNER 2006, S. 413). Durch die Einbindung des Rapses und der Ackerbohne ist eine „Sicherung der Gefügestruktur“ (BUCHNER 2006, S. 413) gegeben. Nach der Ernte der Wintergerste besteht die Möglichkeit einer Tieflockerung und nachfolgend „eine Lebendverbauung durch die tiefstrebende Pfahlwurzel des Raps“ (BUCHNER 2006, S. 413). Nach dem Raps kann dann der Winterweizen frühzeitig bei trockenen Bodenbedingung mit reduzierter Bodenbearbeitung ausgesät werden. Nach der Ernte des Weizens bietet sich eine Zwischenfrucht an, um „überlange Brachezeiten“ (BUCHNER 2006, S. 413) bis zur Aussaat der Ackerbohne zu vermeiden, und das Bodengefüge weiter zu verbessern. Die Ackerbohne kann dann wiederum im zeitigen Frühjahr eventuell sogar in Direktsaat in den abgefrorenen Zwischenfruchtbestand bestellt werden. Hierdurch wird eine tragfähige Krume geschaffen und außerdem der hohe Keimfeuchtebedarf der Bohne durch Minderung unproduktiver Verdunstung sichergestellt. Nach der Ernte der Ackerbohne kann die Wintergerste ebenfalls wieder nach reduzierter Bodenbearbeitung bestellt werden. Ihr stehen hohe Stickstoffreste zur Verfügung, die sie vor dem Winter noch binden und gut nutzen kann. Eine derartige reine Körnerfrucht- beziehungsweise Mähdruschfruchtfolge erzeugt nur sehr geringe Bodenverdichtungen durch Erntemaschinen und Transportfahrzeuge, da die Ernte bei oft trockenen Bodenbedingungen im Sommer durchgeführt wird. So muss lediglich bei Bedarf eine gezielte tiefere Lockerung durchgeführt werden (vgl. BUCHNER 2006, S. 414). Eine Übersicht über bodenverbessernde Maßnahmen während dieser Fruchtfolge ist in Abbildung 5 dargestellt. Die Wirtschaftlichkeit dieser Fruchtfolge kann erhöht werden, wenn die Früchte (vor allem die Ackerbohne) im eigenen Betrieb veredelt werden können.

Verlangt die Tierhaltung des Betriebes eine Ackerfutterproduktion, so kann der Silomais in die Fruchtfolge integriert werden. Die Fruchtfolge könnte dann Winterraps – Winterweizen – Silomais – Ackerbohne – Wintergerste lauten. Vor dem Silomais kann wieder eine Zwischenfrucht integriert werden, der Mais selbst kann mit einer Untersaat (Gräser, Klee) versehen werden, welche auch nach der Ernte eine Bodenbedeckung ermöglicht. Wenn die Silomaisernte gefügeschonend durchgeführt werden konnte, können die Ackerbohnen (bei winterharter Untersaat nach Totalherbizideinsatz) wieder im Direktsaatverfahren bestellt werden.

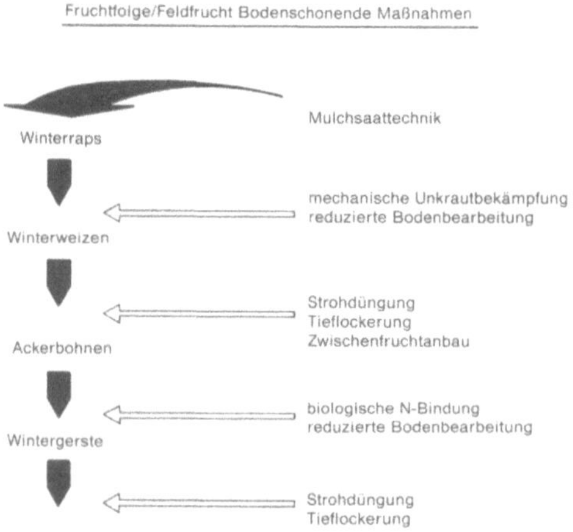

Quelle: BUCHNER und KÖLLER 1990

Abb. 5: Bodenverbessernde Maßnahmen während der Fruchtfolge Winterraps - Winterweizen – Ackerbohnen – Wintergerste

3.6 Besandung

Während Tonböden hinsichtlich ihrer chemischen Eigenschaften hervorragend als Pflanzenbaustandorte geeignet sind (siehe Kapitel 2), so weisen sie doch auf Grund der physikalischen Eigenschaften einige Nachteile wie zum Beispiel die schlechte Luft- und Wasserführung auf. Ebenso ist die Bearbeitbarkeit beeinträchtigt (vgl. PFLEIDERER 1986, S.1) Es mangelt aufgrund der Korngrößenzusammensetzung an Grobporen (siehe Kapitel 2), welche das Gefüge ausreichend Regenverdaulich halten und die

Wasserleitfähigkeit begünstigen können. Über den „Ausgleich der Korngrößenzusammensetzung durch die Zufuhr geeigneter Fremdkörnungen" (PFLEIDERER 1986, S.1) kann die Basis für eine günstige Struktur verbessert werden. Das Gesamtporenvolumen und die Feldkapazität würde hierdurch abnehmen, der Anteil an gröberen Poren und damit die nutzbare Feldkapazität (der Anteil an pflanzenverfügbarem Wasser) allerdings zunehmen. Somit kann auch generell eine „leichtere Bearbeitbarkeit, bessere Durchlüftung, [...] und ebenfalls eine verbesserte Ertragsleistung" (PFLEIDERER 1986, S. 117) erwartet werden.

Die Ergebnisse der Dissertation von Helga Pfleiderer aus dem Jahr 1986 zeigen allerdings, das diese Ziele durch eine Ausbringung von Gesteinssanden nicht oder nur unbefriedigend erreicht werden. In Feldversuchen wurde Grauwackesand in Mengen von 150 to/ha und 250 to/ha auf einen Pelosol – Pseudogley ausgebracht. Diese Mengen hatten allerdings kaum Auswirkungen auf den „Ertrag von Sommergerste und Senfzwischenfrucht, noch verminderten sie den Abscherwiderstand" (PFLEIDERER 1986, S. 121), welcher für die Bearbeitbarkeit bedeutend ist. Ebenso wurde die nFK kaum erhöht. Allerdings stieg der Anteil an dränenden Grobporen um 10 % an. So sind „wahrscheinlich für eine physikalische Verbesserung sehr viel größere Mengen (an Gesteinssanden) notwendig, die sich aber, wie in Vorversuchen angedeutet, auf das Pflanzenwachstum negativ wirken würden" (PFLEIDERER 1986, S.117). Andere Maßnahmen der Gefügeverbesserung (angepasste Bodenbearbeitung und Fruchtfolgegestaltung, siehe Kapitel 3.4 und 3.5) scheinen hier wirkungsvoller und billiger zu sein (vgl. PFLEIDERER 1986, S.117).

Trotzdem kann die Besandung toniger Böden gerade bei Vorhandensein von Schadverdichtungen positive Effekte hervorrufen. In weiter zurückliegenden Versuchen „erzielte die Kombination der Maßnahmen Grobsandausbringung und Tieflockerung weitaus bessere Effekte bei der Melioration eines Tonbodens als durch die Einzelmaßnahmen" (PFLEIDERER 1986, S.117). So könnte sich bei der Ausbringung von Sanden in Verbindung mit der Tiefenlockerung „möglicherweise gerade deren eckige Kornform zusätzlich lockerungserhaltend und stabilisierend auf die künstlich geschaffene Unterbodenstruktur auswirken" (PFLEIDERER 1986, S. 118).

4. Kurative Verfahren zur Bodenlockerung

In der Praxis ist vielfach eine systematische Lockerung der Böden mit oft beträchtlichen Eingriffstiefen zu beobachten, wobei vorher keine Bedarfsdiagnose durchgeführt wird. Dieses Verfahren sollte der Vergangenheit angehören, und Lockerungseingriffe nur auf wirkliche Notfälle wie zum Beispiel viel befahrenen Stellen an den Feldeinfahrten oder durch Pflanzenschutz- und Düngemaßnahmen erzeugten Fahrspuren begrenzt werden (vgl. WEYER und BUCHNER 2001, S. 15). Falls doch eine ganzflächige Tiefenlockerung in Betracht gezogen wird, sollte vorher genau geprüft werden, ob der Boden wirklich tiefenlockerungsbedürftig und auch –fähig ist, oder ob eine Lockerung auch durch andere, weniger intensive Maßnahmen möglich ist (siehe Kapitel 3). Eine bei unpassenden Bodenbedingungen durchgeführte Unterbodenlockerung schadet mehr als das sie nutzt (siehe Kapitel 4.2). So gilt es generell, die Eingriffintensität nur auf das unumgänglich notwendige zu beschränken (siehe auch Kapitel 3.4). Sofern die Böden wurzelwegsam stabilisiert sind, erübrigen sich energie- und zeitraubende Lockerungsmaßnahmen.

Der Erfolg einer Tiefenlockerungsmaßnahme ist davon abhängig, ob die Maßnahme mit dem richtigen Gerät und bei ausreichend trockenem Boden in der Lockerungstiefe durchgeführt wird. Außerdem kann sie nur Voraussetzung für strukturelle Verbesserungen schaffen, ohne gleich den optimalen Zustand herbeizuführen. Eine dauerhafte Stabilisierung des gelockerten Gefüges wird nur durch Maßnahmen der biologischen Bodenstabilisierung (siehe auch Kapitel 3 und 4.2) erreicht.

4.1 Methoden zur Behebung von Bodenverdichtungen

Bei der Betrachtung der Methoden zur kurative Bodenlockerung muss zwischen drei verschiedenen Arten der Verdichtung unterschieden werden, hierfür ist die Tiefe der Verdichtung ausschlaggebend:

- Verdichtungen des Oberbodens (der Ackerkrume), 0-25 cm
- Verdichtungen im Bereich der Pflugsohle (Krumenbasisverdichtung), 25-40 cm
- Verdichtungen des Unterbodens, tiefer als 40 cm

4.1.1 Krumen-/Krumenbasisverdichtungen

Verdichtungen des Oberbodens (0-25 cm) entstehen „während der Saatbettvorbereitung, Bestellung, Pflege und Ernte“ (BLUME 1992, S. 801). Sie zeigen sich in Form von ungleichmäßiger Wurzelverteilung, durch erhöhte Lagerungsdichtewerte und geringerer Leitfähigkeit für Wasser, Gas, Wärme und Nährstoffen (vgl. BLUME 1992, S.801). Diese Verdichtungen können durch die jährliche Bodenbearbeitung zumindest zum Teil behoben werden. Sie werden durch die Grundbodenbearbeitung zur Folgefrucht mechanisch wieder aufgebrochen. „Am besten geschieht dies durch den Pflug, wobei die Pflugtiefe so gewählt werden muss, dass die Verdichtungen unterfahren werden. Reicht die Krumenverdichtung bis in die unteren Krumenschichten, so muss auf volle Krumentiefe gepflügt werden, auch dann wenn die Nachfrucht eine derart tiefe Bearbeitung nicht erfordert“ (BLUME 1992, S. 801). Für die Folgewirkung dieser Lockerung auf Durchwurzelbarkeit ist es entscheidend, wie groß die bei der Lockerung entstehenden Bodenfragmente werden. Falls nur ein scholliger Aufbruch erfolgt, so ändert sich gegenüber dem Ausgangszustand nur wenig. Zwar wird die Luftführung zwischen den Schollen erheblich verbessert, das Innere der Schollen ist aber nach wie vor verdichtet. Die Pflanzenwurzeln sind nicht in der Lage, in die Schollen einzudringen, sondern können diese nur umwachsen. Aus diesem Grund sollte eine Auflockerung stets dafür sorgen, dass möglichste kleine Aggregate entstehen. Selbst wenn sich die

Dichtlagerung dieser Aggregate später nicht ändert, führt doch eine stärkere Krümelung zu ausgeglichenen Strukturverhältnissen in der Krume (vgl. BLUME 1992, S. 801).
Liegen Krumenbasisverdichtungen (Pflugsohlen) vor, welche nicht mehr durch die normale jährliche Bodenbearbeitung erreicht werden, so kann über den Einsatz von Lockerungsdornen am Pflug nachgedacht werden (Abbildung 6).

Quelle: BUCHNER und KÖLLER 1990

Abb. 6: Pflug mit Tiefendornen zur Lockerung von Pflugsohle

Mit Hilfe dieser Dorne können Verdichtungen unterhalb der normalen Pflugtiefe (25-50 cm) unterfahren und gelockert werden. Allerdings ist dieses Verfahren nicht immer erfolgreich. Bei unsachgemäßer Ausführung und anschließender zu starker Belastung werden die Pflugsohlen nur in tiefere Schichten verlagert, außerdem werden sie dichter und mächtiger (vgl. BLUME 2004, S. 802).

4.1.2 Unterbodenverdichtungen

Unterbodenverdichtungen müssen nicht immer beseitigungswürdig sein. Ob eine Lockerung durchgeführt werden muss, „hängt davon ab, wie stark sie den durchwurzelbaren Bodenraum einengen und damit die Erträge nachteilig beeinflussen“ (BLUME 2004, S. 802). Je tiefer die Verdichtungen liegen, desto höher wird der Aufwand sie zu beseitigen, während die negativen Auswirkungen auf die Erträge gleichzeitig sinken. Im Einzelfall muss deshalb sehr sorgfältig abgewogen werden, ob eine Lockerungswürdigkeit vorliegt, vor allem weil die Nutzung der Ackerfläche nach einer Lockerung nur eingeschränkt möglich ist (vgl. BLUME 2004, S. 802).

Auf den Erfolg der Lockerung hat die Wahl des Lockerungsgerätes großen Einfluss. In der Praxis sind verschiedene Arten von Untergrundlockerungsgeräten zu finden. Oft handelt es sich um eine mechanische Hublockerung, welche durch an ein Schwert angebrachte bewegliche Schare eine Lockerung des Bodens erreichen. Beim Vorwärtsziehen durch den Schlepper werden tiefe Furchen in den Boden geschnitten und der Boden dabei gleichzeitig durch das Schar angehoben. Dieser Hubeffekt setzt sich im Boden von unten nach oben fort und lockert somit die bearbeiteten Bodenabschnitte (vgl. LAUBENGEIGER et al., Seite 21f).

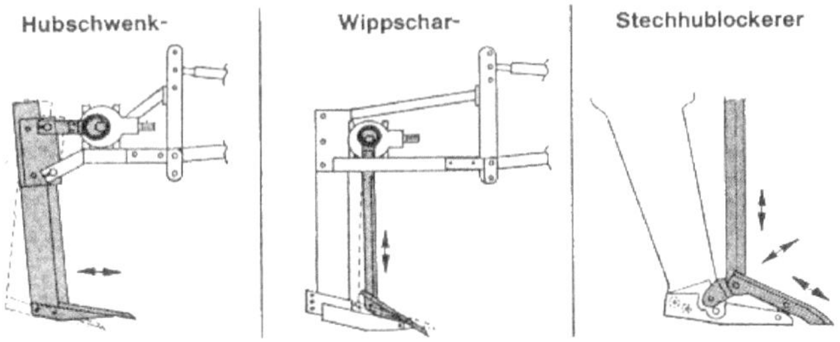

Quelle: SCHULTE - KARRING 1995

Abb. 7: Arbeitsprinzip von beweglichen Unterbodenlockerern

In der Praxis ebenfalls im Einsatz befindliche Lockerungsgeräte mit starren Scharen besitzen vor allem bei tieferen Verdichtungen oft kaum eine Wirkung auf den Boden, da durch zu kleine Schare lediglich eine Durchschneidung, nicht aber eine Lockerung des Bodens eintritt. Generell gilt es, dass je tiefer der Boden gelockert werden soll, das Schar umso größer sein muss, um die erhebliche Auflast der oberen Bodenschichten tragen zu können und nicht nur die angesprochene Durchschneidung zu erreichen. Je höher und breiter sich der Boden bei Lockern aufwölbt, desto besser ist der Lockerungseffekt (vgl. KUNTZE und BLANKENBURG 2006, S. 251). Das Schema einer Auflockerung durch Anhebung des Bodens ist in Abbildung 8 dargestellt.

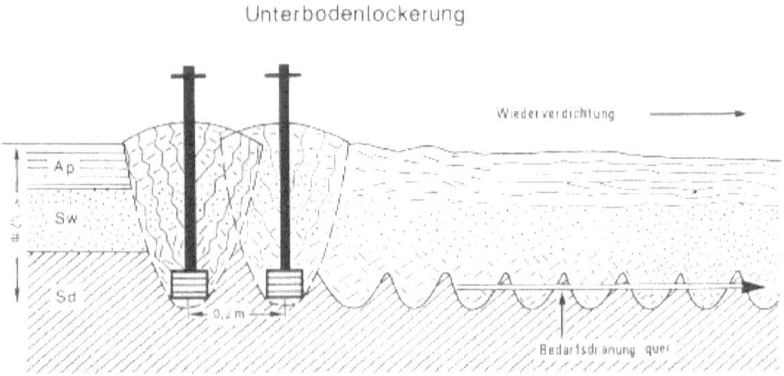

Quelle: SCHULTE - KARRING 1995

Abb. 8: Schema des Ablaufs einer Unterbodenlockerung

Bei der ganzflächigen Tiefenlockerung von Flächen ist es im Allgemeinen sinnvoll, wenn das jeweilige Lockerungsgerät mehrere Schwerter besitzt, da hierdurch die Arbeitsbreite zunimmt und der Spurflächenanteil gesenkt wird. Die Lockerung sollte so erfolgen, dass sich die Lockerungsfurchen auf ihrer halben Höhe überschneiden. So wird eine großflächige und dabei gleichmäßig durchgängige Tieflockerung erzielt. Lockerungsgeräte, die lediglich ein Schwert besitzen, führen zu zu großen Abständen zwischen den Lockerungsfurchen und der Schlepper ist gezwungen, bereits angelegte Lockerungsfurchen wieder zu überfahren (vgl. LAUBENGEIGER et al. 2006, S. 23)

4.2 Bedingungen für eine erfolgreiche Bodenlockerung

Damit die kurative Auflockerung mit Aussicht auf Erfolg durchgeführt werden kann, müssen einige wichtige Punkte beachtet werden:

- Kenntnis des aktuellen, tiefenbezogenen Verdichtungszustand muss vorhanden sein
- der Boden muss bis in den Untergrund der zu lockernden Bodenschicht ausreichend abgetrocknet sein
- die Befahrungsintensität und die Radlasten der Maschinen muss in den Folgejahren deutlich reduziert werden
- der gelockerte Boden sollte nur auf der Bodenoberfläche befahren werden (Onlandbearbeitung)
- die Lockerungswirkung der Maschinen hängt von der Konstruktion der Werkzeuge ab
- die Auflockerung kann im Sinne einer langfristigen Sanierung nur erfolgreich sein, wenn die Ursachen der Verdichtungen beseitigt werden

Ein Problem der Tiefenlockerung ist, dass die Wiederverdichtungsgefahr bei einer anschließenden intensiven Nutzung sehr hoch ist. Eine solche, nach einer Lockerung ausgelöste Verdichtung ist wesentlich stärker als bei einem ungelockerten Boden. Ein Grund für diese erhöhte Wiederverdichtungsgefahr liegt in der durch die Tiefenlockerung hervorgerufenen extremen Verringerung der natürlichen Eigenstabilität beziehungsweise Aggregatstabilität des Bodens, auch in tieferen Schichten. Dies geschieht durch die erhebliche Erhöhung des Grobporenvolumens in Folge der Tiefenlockerung. Somit besitzt der Boden nun ein deutlich größeres Hohlraumvolumen als vor der Lockerung, welches die Korn-zu-Korn – Kontaktflächen und somit auch die Schwerwiderstände zwischen den Bodenteilchen stark verringert (vgl. BLUME 2004, S. 197). Bei einer nachfolgend starken Belastung gibt das Gefüge leichter nach als zuvor und kompensiert demnach einen neuerlichen hohen Druck durch eine stärkere Pressung, wobei bei hoher Bodenfeuchte „Wasser wie ein Schmiermittel zwischen den einzelnen Bodenteilchen wirkt und dadurch den erhöhten Verdichtungsprozess zusätzlich verstärkt" (BLUME 2004, S. 199). Generell gilt es also zu beachten, dass eine langfristige Stabilität künstlich tiefengelockerter Bodenhorizonte nur durch begleitende Maßnahmen wie zum Beispiel der Anbau von Futterpflanzen mit langer Bodenbedeckung und starker Wuzelbildung oder Stabilisierung des Bodengefüges durch Kalkung (siehe auch Kapitel 3) und einer Verringerung der Maschinenlasten zu erreichen ist.

Bei dem ganzflächigen Einsatz von mechanischen Tiefenlockerungsverfahren ist stets der Zeitpunkt der Lockerungsmaßnahme und die Folgebewirtschaftung zu berücksichtigen. Ein zu feuchter Boden zum Zeitpunkt der Lockerung (die Bodenfeuchte muss „in Lockerungstiefe unterhalb der Ausrollgrenze liegen" (KUNTZE und BLANKENBURG 2006, S. 250)) sowie eine für den anschließenden instabilen Boden zu hohe Belastung führen nicht nur zu einer „völligen Zerknetung (durch verstärkte Quellung der für Wasser zugänglichen Oberflächen), sondern bei dem geringen Scherwiderstand schnell zu einer Überschreitung der Eigenstabilität und damit zu einer Setzung" (Blume 2004, S. 681). So wird in der Literatur von einer „Irreversibilität von vorhandenen Bodenverdichtungen" (Blume 2004, S. 802) gesprochen, da eine vollständige Wiederauflockerung durch die Maßnahmen der biologischen Bodenstabilisierung nicht zu erreichen sei beziehungsweise durch eine falsche Folgebewirtschafftung gar nicht erst erreicht wird.

5. Dauer einer erfolgreichen Behebung von Schadverdichtungen

Stark verdichtete Böden sollten nach einer kurativen Tiefenlockerung sehr schonend behandelt werden, das heißt eine erneute intensive Nutzung sollte unterbleiben oder zumindest stark eingeschränkt und schonend erfolgen. Die entsprechenden Maßnahmen sollten aber generell auch vorbeugend angewandt werden. Im Allgemeinen sind vorbeugende Maßnahmen durch eine an den Boden angepasste Nutzung sowie natürliche Prozesse die beste

Lösung um Bodenverdichtungen vorzubeugen. Diese vorbeugenden Maßnahmen sind aber auf jeden Fall auch nach einer Tiefenlockerung durchzuführen, um eine Wiederverdichtung nach der Lockerung zu vermeiden und ein tragfähiges Gefüge herzustellen.

Als einzige in kürzeren Zeiträumen wirksame Maßnahme zur Wiederauflockerung verdichteter Böden wird die Tiefenlockerung angesehen (vgl. SCHEFFER/SCHACHTSCHABEL 2002, S. 429). Dieses Verfahren kann allerdings, um eine erfolgreiche Lockerung zu erzielen, nur bei sehr großer Austrocknung stattfinden. Besonders auf stark tonigen Böden ist diese Abtrocknung im Unterboden nur selten gegeben. Ebenso ist zu beachten, das die damit verbundene Schaffung von Grobporen nicht mit einer entsprechenden verbesserten Porenleitfunktion gleichzusetzen ist. Erst durch Folgemaßnahmen wie einer deutlichen „Reduzierung der auf den Boden übertragenden mechanischen Belastungen" (SCHEFFER und SCHACHTSCHABEL 2002, S. 429) und dem Anbau tiefwurzelnder Pflanzen beziehungsweise einer kompletten Bodenruhe kann eine komplette Restrukturierung des bis in den Bereich der Erstverdichtung aufgelockerten und damit instabilen Boden sichergestellt werden (vgl. SCHEFFER und SCHACHTSCHABEL 2002, S. 429). Die Gefahr der Wiederverdichtung klingt in dem Maße ab, wie natürliche Setzungsvorgänge ablaufen und eine biologische – chemische Stabilisierung erfolgt. Je kolloid- und humusreicher der Boden ist, desto früher wird dieser Zustand erreicht, und ebenso länger bleibt der Lockerungseffekt erhalten (vgl. BLUME 2004, S. 804). Daraus lässt sich ableiten, dass Tonböden generell schneller wieder einen optimalen Gefügezustand erreichen können. Trotzdem muss die Restrukturierung des Bodengefüges als langfristig angesehen werden, eine kurzfristige Wiederherstellung eines belastbaren und stabilen Bodengefüges ist nicht möglich. In der Literatur sind Zeitangaben von Jahren bis Jahrzehnten angegeben (vgl. SCHEFFER und SCHACHTSCHABEL 2002, S. 429).

Auf eine kurative Lockerung schadverdichteter Böden (vor allem des Unterbodens) kann allerdings kaum verzichtet werden. Eine natürliche Auflockerung durch zum Beispiel Tätigkeit der Regenwürmer, Durchwurzelung oder klimatischer Parameter wie (Frost, Quellung und

Schrumpfung) ist „wenn überhaupt, dann nur über nicht prognostizierbare lange Zeiträume“ (SCHEFFER und SCHACHTSCHABEL 2002, S. 429) möglich.

6. Einfluss klimatischer Bedingungen auf das Bodengefüge

Natürliche Prozesse, die zu einer Veränderung der Lagerungsdichte führen, sind Quellung und Schrumpfung sowie Frostwirkungen. Ihr Ausmaß ist abhängig von den klimatischen Unterschieden im Wasser- und Lufthaushalt sowie von der Lage der Verdichtungen unter der Bodenoberfläche. Insofern sind Krumenverdichtungen nicht nur leichter mechanisch zu beheben, sondern auch natürliche Auflockerungsprozesse wirken in dieser Bodenzone wesentlich intensiver (vgl. Blume 2004, S. 803f).

Durch wiederholten Wechsel von Austrocknen und Wiederbefeuchten kommt es zum Schrumpfen und Quellen der Bodensubstanz. Als Quellung wird die Volumenzunahme der Bodensubstanz bezeichnet. Die Quellungsfähigkeit richtet sich nach Tongehalt (eine „sichtbare Quellung tritt erst bei Tongehalten ab 10 % ein“ (OEHMICHEN und WEYER 2006, S. 129)) und Art der Tonminerale. Drei-Schichttonminerale mit relativ schwacher Ionenbindung zwischen den einzelnen Blättchen entwickeln höhere Quellungsdrücke als Zweischichtminerale, durch Wasseraufnahme wird der Schichtabstand erhöht. Die Volumenzunahme findet vornehmlich in horizontaler Richtung statt, wobei zuerst Schwundrisse wieder geschlossen werden. Nur in zu dicht lagernden Böden wird die horizontale Ausdehnung behindert, dann wird der Boden mehr vertikal angehoben (vgl. KUNTZE et al. 1994, S. 145). Das Schrumpfen der Bodensubstanz kann man oft deutlich an der Entstehung von oberflächlichen Schrumpfungsrissen erkennen. Sie entstehen dort, „wo dem Bestreben der mit Wasserentzug verbundenen Annäherung der Bodenteilchen ein Widerstand entgegengesetzt ist“ (KUNTZE et al. 1994, S. 146). Je stärker ein Boden schrumpft, umso besser ist seine Neigung zur Entwicklung von Segregaten zu beurteilen. Ständiger Wechsel von Quellen und Schrumpfen ist ein „Self – Mulching – Effect“, bei dem die Bildung eines

Absonderungsgefüges (Polyeder-, Prismen-, Säulengefüge) begünstigt wird. Er fördert die Bodenbelüftung, -reifung und Selbstdränung. „Ohne diesen Vorgang wären tonreiche Pelosole kulturunwürdig“ (KUNTZE et al., S. 146). Das Gefrieren eines Bodens (Kryoturbation) übt ebenso einen Einfluss auf die Gefügeentwicklung eines Bodens aus. Die Volumenzunahme von circa 10 % beim Übergang von flüssigen Wasser in Eis wirkt sich allerdings in Böden nur selten aus, da „ein Druck auf die umgebenen Bodenteilchen nur dann entstehen kann, wenn kein Ausweichen des Eises und Wasser in luftgefüllte Poren möglich ist, also nur in einem wassergesättigten Boden“ (SCHEFFER und SCHACHTSCHABEL 2002, S. 204). Eine entscheidende Rolle bei der Auswirkung des Frostes spielt daher meist die Kristallisation, beziehungsweise der beim Wachstum der Eiskristalle entstehende Kristallisationsdruck, weil dieser sich auch in Böden auswirken kann, die nur teilweise mit Wasser gesättigt sind. Er entsteht, wenn der regelmäßige Aufbau der Eiskristalle behindert wird. Der Kristallisationsdruck reicht aus, eine Bodenschicht von mehreren Metern Mächtigkeit anzuheben. Zu den Folgen derartiger Hebungen gehört das Hochfrieren von Steinen und das Zerreißen von Wurzeln beim Wintergetreide (vgl. SCHEFFER und SCHACHTSCHABEL 2002, S. 204). Eine wesentliche Wirkung des Gefrierens auf die Gefügeentwicklung besteht darin, dass dabei bevorzugt die größeren vorhandenen Eiskristalle wachsen. Das hat, vor allem in feinkörnigen Tonböden, eine Entwässerung der Umgebung dieser Eiskristalle du damit die Bildung und Stabilisierung von Aggregaten durch Schrumpfung zur Folge. Dieser im Prinzip der Aggregatbildung durch Austrocknung ähnliche Vorgang führt zur Ausbildung der Frostgare und „ist in tonreichen Böden oft der einzige Mechanismus, der bei Ackernutzung zur Ausbildung eines feinaggregierten Saatbettes führt“ (SCHEFFER und SCHACHTSCHABEL 2002, S. 204). Deshalb sollten tonige Böden (wenn überhaupt) vor dem Winter schollig gepflügt werden, um die Sprengkraft des Frostes nutzen zu können. Die Wirkung des Frostes auf die Schollen ist in Abbildung 9 dargestellt. Es sollte schollig gepflügt werden, „damit der Frost allseitig eindringen kann“ (OEHMICHEN und WEYER 2006, S. 129) Durch Wechsel von Gefrieren und Auftauen werden die Schollen in scharfkantige Aggregate zerlegt. Ein häufiger Fehler ist auf solchen Böden die zu späte Bearbeitung im Frühjahr. Der Boden sollte frühzeitig eingeebnet werden, da ansonsten kompakte, nasse Schollenkämme freigelegt werden. Dieser kalte, klebrige Tonboden der Schollenkämme in Verbindung mit dem trockenen Boden in den losen Furchen lassen die auflaufende Saat kümmern. Wird früh genug abgeschleppt, so können Spätfröste die mit Wasser gesättigten Schollenkämme noch angreifen und somit den Gefügeaufbau unterstützen (vgl. OEHMICHEN und WEYER 2006, S. 130).

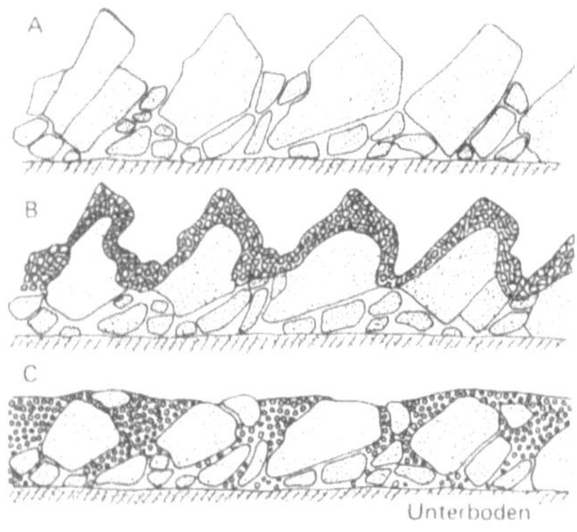

Quelle: OEHMICHEN und WEYER 2006

Abb. 9: Wirkung des Bodenfrostes auf einen schollig gepflügten Tonboden

7. Fazit

Böden sind knappe und nicht erneuerbare Ressourcen. Die vielfältigen Funktionen des Bodens (Produktionsfunktion, Regelungsfunktion) gilt es zu erhalten. Durch die zunehmende Diskussion über Bodenschutz auch in der Öffentlichkeit wird es immer wichtiger, eine ordnungsgemäße Landbewirtschaftung sicherzustellen, die Vermeidung von Schadverdichtungen gehört hierzu.

Die Wiederherstellung eines optimalen Bodengefüges auf schadverdichteten Tonböden ist ein sehr komplexer Vorgang, welcher nur sehr langfristig und unter starken Einschränkungen der Bodennutzung erfolgreich erfolgen kann. Bodenbiologische Vorgänge können eine Bodenlockerung (hauptsächlich der Ackerkrume) begünstigen, eine vollständige Wiederauflockerung (vor allem des Unterbodens) wird aber selten erreicht. Um langfristig ökonomisch erfolgreich mit dem Boden arbeiten zu können, ist es deshalb umso wichtiger, Bodenverdichtungen gar nicht erst entstehen zu lassen. Hierzu müssen alle gegebenen Möglichkeiten (sei es landtechnischer oder pflanzenbaulicher Art) ausgenutzt werden. Bei den immer öfter auftretenden Wetterextremen ist ein leistungsfähiges Bodengefüge unerlässlich, sei es um in Zeiten erhöhten Niederschlages das Regenwasser schnell aufzunehmen oder in Trockenzeiten eine Wasserversorgung der Kulturpflanzen sicherzustellen. Durch angepasste Bearbeitung, bodenschonende Befahrung und sinnvolle Fruchtfolgen kann ein leistungsfähiges Bodengefüge gesichert werden. Für den landwirtschaftlichen Betrieb sind Maßnahmen, die der Erhaltung der Leistungsfähigkeit gelten, oft wesentlich ökonomischer als Maßnahmen, mit deren Hilfe schadverdichtete Böden wiederhergestellt werden sollen. Der Praxis diesen Sachverhalt zu vermitteln, ist eine Aufgabe, die es weiterhin zu bewältigen gilt.

8. Zusammenfassung

In Deutschland weisen 40 % der landwirtschaftlich genutzten Flächen Bodenschadverdichtungen auf. Durch zunehmende Rationalisierung und der dadurch resultierende Einschränkung der Fruchtfolgen und der Zunahme der Maschinengewichte ist eine weitere Schädigung der Boden durch unsachgemäße Nutzung zu befürchten. Besonders Tonböden reagieren bei unzeitiger Befahrung mit starken Verdichtungshorizonten. Ihr bezüglich der Speicherung pflanzenverfügbaren Wassers eher ungünstiges Porenvolumen mit einem eher geringen Anteil an Grob- und Mittelporen wird dadurch weiter verringert. Im trockenen Zustand sind tonige Böden eher wenig Anfällig gegenüber Schadverdichtungen. Einzig eine Befahrung und Bearbeitung im zu nassen Zustand führt zu starken Verdichtungen. Da der Zeitraum zur optimalen Bearbeitung durch die Konsistenzeigenschaften sehr eng ist, wird häufig eine Bearbeitung unter zu feuchten Bedingungen durchgeführt.

Das Ziel der biologischen Bodenstabilisierung ist es, das Bodengefüge hinsichtlich der Anfälligkeit gegenüber Schadverdichtungen zu verbessern. Eine biologische Gefügestabilisierung ist ebenso nach einer kurativen Tiefenlockerung wichtig, um das künstlich überlockerte Bodengefüge in einen optimalen Gefügezustand zu überführen. Als eine Maßnahme der biologischen Stabilisierung kann die Entwässerung toniger, zur Staunässe neigender Böden angesehen werden. Klassische Rohrdränagesysteme sind aufgrund der mangelnden Wasserdurchlässigkeit toniger Böden allerdings kaum geeignet. Einzig mit Hilfe einer Maulwurfsdränung kann ein zufrieden stellendes Ergebnis erreicht werden. Eine weitere Maßnahme ist die Kalkdüngung beziehungsweise die Einstellung des optimalen pH – Wertes, da dem Kalzium eine große Bedeutung bei der Bildung stabiler Bodenaggregate zugesprochen werden kann. Eine weitere wichtige Funktion bei der biologischen Bodenstabilisierung übernimmt die organische Substanz des Bodens, da sie zum einen als Nahrung für die Bodenorganismen gilt, welche eine weitere Stabilisierungsfunktion übernehmen. Außerdem kann durch die Bildung von Ton – Humus – Komplexen ein stabiles Bodengefüge entstehen. Weiterhin ist die

Bodenbearbeitung als sehr wichtig anzusehen. Weist der Oberboden Schadverdichtungen auf, so kann auf eine tiefere Bearbeitung nicht verzichtet werden. Ist die Ackerkrume aufgelockert, so kann durchaus auch auf Tonböden eine reduzierte Bodenbearbeitung angewendet werden, welche zu einer Verringerung der Verdichtungsanfälligkeit führen kann. In diesem Zusammenhang ist auch die Wahl der Fruchtfolge sehr entscheidend. Sie sollte so ausgestaltet werden, dass zum einen die Kulturen selber zu einer Stabilisierung des Bodengefüges beitragen, außerdem sollte sie genug Zeiträume für eine tiefere Bodenlockerung schaffen. Auf ein ausgeglichenes Verhältnis zwischen Blatt- und Halmfrüchten sollte geachtet werden. Die Blattfrüchte (zum Beispiel Winterraps und Ackerbohnen) hinterlassen der Nachfrucht oft ein optimales Bodengefüge, während das Stroh der Halmfrüchte als Humusquelle gilt. Ebenso wichtig ist die Integration von Zwischenfrüchten, welche eine ganzjährige Bodenbedeckung und eine weitere positive Beeinflussung des Bodengefüges sicherstellen.

Soll eine mechanische Tiefenlockerung durchgeführt werden, so muss vorher kontrolliert werden, ob diese überhaupt notwendig ist. Eine falsch durchgeführte Tiefenlockerung schadet oft mehr als das die nutzt. Zur Durchführung der Tiefenlockerung sind verschiedene Maßnahmen geeignet, welche sich primär nach der Tiefe der Verdichtung richtet. Liegen Verdichtungen im Oberboden vor, so können diese in der Regel durch die jährliche Grundbodenbearbeitung beseitig werden. Bei tiefer liegenden Unterbodenverdichtungen müssen Spezialgeräte angewendet werden. Um einen dauerhaften Erfolg der kurativen Bodenlockerung sicherzustellen, müssen einige wichtige Punkte beachtet werden. So muss zum Beispiel die mechanische Belastung durch Befahrung deutlich reduziert werden, da das künstlich gelockerte Bodengefüge anfälliger gegenüber Schadverdichtungen ist als ein natürliches entstandenes. Da dieses in der Praxis oft nicht geschieht, wird in der Literatur von einer „Irreversibilität von Schadverdichtungen“ gesprochen.

Literaturverzeichnis

AG Boden (1994): Bodenkundliche Kartieranleitung. E. Schweizerbart'sche Verlagsbuchhandlung, Stuttgart.

BAYRISCHE LANDESANSTALT FÜR LANDWIRTSCHAFT BLFL (2008): Böden und ihre Nutzung. http://www.lfl.bayern.de/iab/boden/index.htm (Abrufdatum: 12.04.2008).

BLUME, H.-P. (2004): Handbuch des Bodenschutzes. ecomed Verlagsgesellschaft, Landsberg am Lech.

BRÜMMER, G.W. (2001): Schadverdichtungen in Ackerböden -Entstehung, Folgen, Gegenmaßnahmen- Einführung. In: Landwirtschaftliche Fakultät der Universität Bonn (Hrsg.): Schadverdichtungen in Ackerböden - Entstehung, Folgen, Gegenmaßnahmen- Teil 2, 14. Wissenschaftliche Fachtagung, Bonn, 05. Dezember 2001, S. 71-73.

BUCHNER, W., MÜLLER, J., SOURELL, H. (2006): Grundlagen der Anwendung der Agrarmeteorologie im Pflanzenbau. In: OEHMICHEN, J., LÜTKE ENTRUP, N.(Hrsg.): Lehrbuch des Pflanzenbaus, Band 1: Grundlagen. AgroConcept GmbH, Bonn, S. 621-712.

BUCHNER, W., KÖLLER, K. (1990): Integrierte Bodenbearbeitung. Verlag Eugen Ulmer, Stuttgart.

BUCHNER, W. (2006): Fruchtfolge. In: OEHMICHEN, J., LÜTKE ENTRUP, N.(Hrsg.): Lehrbuch des Pflanzenbaus, Band 1: Grundlagen. AgroConcept GmbH, Bonn, S. 373-422.

HARTGE, K.H. (1978): Einführung in die Bodenphysik. Ferdinand Enke Verlag, Stuttgart.

HAUMANN, G., DIETZSCH, H. (2000): Winter- und Sommerweizen. In: OEHMICHEN, J., LÜTKE ENTRUP, N.(Hrsg.): Lehrbuch des Pflanzenbaus, Band 2: Kulturpflanzen. Verlag Th. Mann, Gelsenkirchen – Buer / AgroConcept GmbH, Bonn, S.258-324.

HONERMEIER, B. (2000): Winterroggen und Triticale. In: OEHMICHEN, J., LÜTKE ENTRUP, N.(Hrsg.): Lehrbuch des Pflanzenbaus, Band 2: Kulturpflanzen. Verlag Th. Mann, Gelsenkirchen – Buer / AgroConcept GmbH, Bonn, S. 362-386.

Kuntze, H., Blankenburg, J. (2006): Meliorative Bodenbearbeitung. In: Oehmichen, J., Lütke Entrup, N.(Hrsg.): Lehrbuch des Pflanzenbaus, Band 1: Grundlagen. AgroConcept GmbH, Bonn, S. 240-257.

Kuntze, H., Roeschmann, G., Schwerdtfeger (1994): Bodenkunde. Verlag Eugen Ulmer, Stuttgart.

Landesanstalt für Umwelt, Naturschutz und Geologie Mecklenburg – Vorpommern LUNG (2003): Beiträge zum Bodenschutz in Mecklenburg – Vorpommern, Bodenverdichtung. LUNG, Güstrow.

Laubengeiger, K., Reidt, D., Müller, K. (2006): Bodenverdichtung und Tiefiockerung, Theorie, ökologische Relevanz, Bewertungsmethoden, Gegenmaßnahmen. http://www.uni-tuebingen.de/egpinfo/Lehre/HS_Bodenschutz/Bodenverdichtung.pdf (Abrufdatum: 20.04.2008)

Makowski, N. (2000): Winterraps. In: Oehmichen, J., Lütke Entrup, N.(Hrsg.): Lehrbuch des Pflanzenbaus, Band 2: Kulturpflanzen. Verlag Th. Mann, Gelsenkirchen – Buer /AgroConcept GmbH, Bonn, S. 513-539.

Makowski, N. (2000): Körnerleguminosen. In: Oehmichen, J., Lütke Entrup, N.(Hrsg.): Lehrbuch des Pflanzenbaus, Band 2: Kulturpflanzen. Verlag Th. Mann, Gelsenkirchen – Buer /AgroConcept GmbH, Bonn, S. 553-571.

Meßner, H. (2000): Mais. In: Oehmichen, J., Lütke Entrup, N.(Hrsg.): Lehrbuch des Pflanzenbaus, Band 2: Kulturpflanzen. Verlag Th. Mann, Gelsenkirchen – Buer /AgroConcept GmbH, Bonn, S. 398-427.

Oehmichen, J., Weyer, T. (2006): Bodenkunde. In: Oehmichen, J., Lütke Entrup, N.(Hrsg.): Lehrbuch des Pflanzenbaus, Band 1: Grundlagen. AgroConcept GmbH, Bonn, S. 31-218.

Oehmichen, J., Jacobs, G., Weyer, T. (2006): Pflanzenernährung und Düngung. In: Oehmichen, J., Lütke Entrup, N.(Hrsg.): Lehrbuch des Pflanzenbaus, Band 1: Grundlagen. AgroConcept GmbH, Bonn, S. 423-620.

PFLEIDERER, H. (1986): Wirkungen meliorativer Gaben von Gesteinmehlen zu Sandboden und von Gesteinssanden zu Tonboden auf den Ertrag landwirtschaftlicher Kulturpflanzen und die Veränderung einiger bodenphysikalischer und –chemischer Kennwerte. Dissertation, Universität Hohenheim.

RENIUS, W., LÜTKE ENTRUP, E., LÜTKE ENTRUP, N. (1992): Zwischenfruchtbau. DLG – Verlag, Frankfurt am Main SCHULTE – KARRING, H. (1995): Die Unterbodenmelioration, Teil III – Technik. Warlich Druck und Verlagsgesellschaft, Meckenheim und Ahrweiler.

SÄCHSISCHES STAATMINISTERIUM FÜR UMWELT UND LANDWIRTSCHAFT SMUL (2008): Erhaltung der Leistungsfähigkeit des Bodengefüges. http://www.smul.sachsen.de/de/wu/Landwirtschaft/lfl/inhalt/7211_7216.htm (Abrufdatum: 10.04.2008).

SCHEFFER, F., SCHACHTSCHABEL, P. (2002): Lehrbuch der Bodenkunde. Spektrum Akademischer Verlag GmbH, Heidelberg, Berlin.

SCHINNER, F., SONNLEITNER, R. (1996): Bodenökologie: Mikrobiologie und Bodenenzymatik Band II, Bodenbewirtschaftung, Düngung und Rekultivierung. Springer – Verlag Berlin, Heidelberg, New York.

SCHÖNBERGER, H., KROPF, U. (2000): Winter- und Sommergerste. In: OEHMICHEN, J., LÜTKE ENTRUP, N.(Hrsg.): Lehrbuch des Pflanzenbaus, Band 2: Kulturpflanzen. Verlag Th. Mann, Gelsenkirchen – Buer / AgroConcept GmbH, Bonn, S. 325-361.

SCHÖNBERGER, H. KROPF, U. (2000): Hafer. In: OEHMICHEN, J., LÜTKE ENTRUP, N.(Hrsg.): Lehrbuch des Pflanzenbaus, Band 2: Kulturpflanzen. Verlag Th. Mann, Gelsenkirchen – Buer /AgroConcept GmbH, Bonn, S. 387 – 397.

UNIVERSITÄT FÜR BODENKULTUR WIEN (2008): Melioration. http://www.wau.boku.ac.at/fileadmin/_/H81/H815/Skripten/LKWW/LKWW_13_Melioration.pdf (Abrufdatum: 15.04.2008).

WEYER, T., BUCHNER, W. (2001): Bodenschadverdichtung – Ausmaß, Ursachen, Wirkungen und Lösungsansätze. In: Universität – Gesamthochschule Paderborn, Fachbereich Agrarwirtschaft Soest

(Hrsg.): Bodenbewirtschaftung im Umbruch, Soest, 08. und 09. Mai 2001, S. 9-30.

WILD, A. (1995): Umweltorientierte Bodenkunde. Spektrum Akademischer Verlag GmbH, Heidelberg, Berlin, Oxford.